Ravensburger Freizeit-Taschenbücher Band 103

D1866079

Alice Skelsey

Gemüse, Kräuter, Früchte am Fensterbrett züchten

Übersetzt und bearbeitet von
Nadja Kneißler

Otto Maier Verlag Ravensburg

Für Gloria und Fred Huckaby – Meistergärtner in Haus und Garten . . . die mit ihren Ratschlägen zum Erlernen und beim Schreiben über den Gartenbau in Töpfen genauso großzügig waren, wie mit den Erträgen aus ihrem Garten.

Deutsche Erstausgabe

Die amerikanische Originalausgabe erschien unter dem Titel
»Farming in a Flowerpot« bei Workman Publishing Company, New York
(ISBN 0-911104-56-9)
© 1971, 1975 Alice Skelsey
© 1981 der deutschsprachigen Textfassung Otto Maier Verlag Ravensburg
Übersetzt und bearbeitet von Nadja Kneißler
Illustrationen: Ed Rahn Studio
Umschlagfoto: Franz Lazi, Stuttgart
Satz: Fotosatz Gerd Gaul, Saulgau
Druck und Verarbeitung: Ebner Ulm
Printed in Germany

85 84 83 81 5 4 3 2 1

ISBN 3-473-43103-6

Inhalt

Was man so alles am Fensterbrett züchten kann

Ein Päckchen Samen, ein Topf voll Erde und ein bißchen Sonne – mehr braucht man zum Gärtnern ohne Garten nicht. Man muß sich ja nicht mit Philodendron und Efeu zufriedengeben, nur weil man in einer Etagenwohnung lebt. Obst und Gemüsepflanzen sehen genauso dekorativ aus und sind zusätzlich noch nützlich.
Nutzpflanzen gedeihen ohne Schwierigkeiten auch in Blumentöpfen. Gartenbauexperten haben spezielle Obst- und Gemüsesorten für diese Art Anbau gezüchtet – Kleinst-, Miniatur-, Zwerg- und Minizwerg-Arten, die nur sehr wenig Platz und Pflege brauchen.

Eine junge, zarte und dazu noch selbstgezogene Mohrrübe schmeckt im Frühjahr weit besser als jede gekaufte. Frisch gepflückte Erdbeeren aus dem eigenen Blumentopf sind besonders süß, nicht nur im Geschmack, sondern auch wegen der Freude über die eigene Leistung. Paprika und Salat sind ausgesprochen hübsche Topfpflanzen, und es ist ein großer Gewinn, wenn man für seine Salate immer einen kleinen Vorrat auf dem eigenen Balkon hat. Und all diese Pflanzen können ohne Schwierigkeiten in der Etagenwohnung oder von Leuten mit Minigärten selbst gezogen werden.

Bei manchen Gemüsearten und Früchten ist die Wirtschaftlichkeit beim Anbau im Blumentopf allerdings fraglich (obwohl Tomaten, grüner Paprika und Gurken sich oft mehr als bezahlt machen), aber das Erlebnis und die Freude über den gelungenen Anbau kann so oder so nicht in Marktpreise umgerechnet werden. Und es gibt wohl kaum etwas anderes, das so geeignet ist, die Umgebung und damit die Stimmung des eingeengten Städters aufzuheitern, es sei denn, er zieht aufs Land hinaus. Nicht nur der erfahrene Spezialist mit dem sprichwörtlichen »grünen Daumen«, sondern auch der Anfänger kann erleben, daß eigenes Obst und selbstgezogenes Gemüse eine lohnende und köstliche Sache sind.

Es gibt heute auf dem Markt eine Menge nützlicher und hilfreicher Neuheiten, mit denen diese Art Gartenbau sicher nicht in Arbeit ausartet. Da gibt es Packungen mit speziell zusammengestellten Erdmischungen, die weit besser sind als gewöhnliche Gartenerde; die Pflanzen werden in Containern geliefert, so daß die Wurzeln beim Transport nicht beschädigt werden; sorgfältig zusammengesetzte Düngemittel gestatten einen ganz gezielten Einsatz. Bei dem großen Angebot an verschiedenen Sorten und Arten, die der Blumentopfgärtner ausprobieren kann, ist jede Saison von neuem aufregend und spannend. Wer kennt zum Beispiel die grau-grünen Blätter von lavendelfarbenen Blüten der Auberginen? Das herrliche Aroma einer frischgepflückten Tomate kann man sich kaum noch vorstellen. Für alle jedoch, die einen Innenhof, einen Balkon, eine Außentreppe oder auch nur ein Fensterbrett haben, wo die meiste Zeit des Tages die Sonne scheint, bietet ein Blumentopfgarten nahezu unbegrenzte Möglichkeiten. Die Usambara-Veilchen, Geranien und Philodendren müssen nur ein wenig zur Seite rücken, und schon kann man im Frühjahr einen Versuch mit ein paar Gemüse- oder Obstpflanzen starten.

Sieben Stufen zum Blumentopfgärtnern

1. Das richtige Gefäß

Wenn größtmögliche Erträge erzielt werden sollen, ist die Wahl des richtigen Topfes ganz wichtig. In erster Linie muß der Topf groß genug für die ausgewachsene, fruchttragende Pflanze sein. Trotz den Angaben auf den Samenpackungen ist es manchmal gar nicht so leicht, genau abzuschätzen, wie groß die Pflanze wird. So kann zum Beispiel eine einzige Blattsalatpflanze, obwohl aus dem winzigen Samenkorn ein ganz zarter Setzling heranwächst, so groß werden, daß sie aus einem 4-l-Gefäß hinauswächst. Eine Eierfrucht oder Aubergine braucht einen 15-l-Topf, nicht so sehr wegen der buschigen Pflanze, sondern damit die großen, schweren Früchte untergebracht werden können.

Andere Pflanzen wiederum gedeihen schlecht in großen Töpfen. Sie scheinen sich tatsächlich in Gefäßen wohlzufühlen, die im Verhältnis zur Größe der ausgewachsenen Pflanzen klein sind. Eine große Tomatenpflanze kann in einem 8-l-Topf gedeihen. Er muß nur so fest stehen, daß er nicht umfällt, wenn die Pflanze kopflastig wird. Miniatur-Tomatenpflanzen gedeihen in Blumentöpfen mit 20 oder 25 cm Durchmesser.

Nun ist die Größe der ausgewachsenen Pflanze und der Früchte bei der Wahl des Topfes nicht immer bekannt. Hier hilft nur eigenes Beobachten der Wachstumsgewohnheiten der Pflanzen, wenn man immer das passende Gefäß nehmen will. So ein Gartenbau mit »Herz und Verstand« kostet wenig Mühe und kaum Geld, und mit wachsender Erfahrung kann man von Jahr zu Jahr Töpfe und Pflanzen besser aufeinander abstimmen. Ein unsicherer Anfänger liest am besten vorher die später folgenden entsprechenden Abschnitte mit Empfehlungen für den Anbau verschiedener Obst- und Gemüsesorten. Die nachstehende Tabelle kann das Abschätzen des Fassungsvermögens verschiedener Gefäße erleichtern, die fast durchweg in jedem Haushalt zu finden sind.

Viele Gärtner bevorzugen die üblichen roten Blumentöpfe aus Ton. Es gibt sie in vielen Größen, von 6 bis 35 cm Durchmesser (gemessen wird der Innendurchmesser am oberen Rand).

	1/2 l	1 l	2 l	5 l	10 l	50 l
Milchtüte	X	X				
500-g-Kaffeedose		X				
Farbkübel aus Plastik			X	X		
Waschmitteltonne mit Plastiktüte					X	
Schmierseifeeimer				X	X	
Mülltonne						X

Zusätzlich braucht man bei ihnen passende Untersetzer zum Auffangen des überschüssigen Gießwassers. Tontöpfe sind überall erhältlich, sehen hübsch aus, sind relativ preiswert und für die meisten Pflanzen gut geeignet.

Hier ist eine Liste mit Größen und ungefähren Preisen, die allerdings von Ort zu Ort etwas schwanken können. Gartencenter in Supermärkten sind oft am preisgünstigsten, haben aber nicht immer die beste Größenauswahl.

Hartschaum-Töpfe, die fast genau wie Tontöpfe aussehen, werden ebenfalls überall geführt und entsprechen in den Größen und Preisen etwa den Tontöpfen. Sie sind noch nicht so sehr lange auf dem Markt und haben einige Vorteile (leicht, gute Wärmeisolierung). Ein Nachteil ist, daß sie wegen ihrer Leichtigkeit gern umfallen. Für größere Pflanzen mit schweren Früchten – zum Beispiel Tomaten – sind sie deshalb ungeeignet, falls sie nicht eingebettet werden können. Am besten eignen sie sich wahrscheinlich als Innentopf in einem anderen

Gefäß. Blechdosen erfüllen den gleichen Zweck, wenn man in die Dosenwand nahe am Boden Abzugslöcher für das Gießwasser bohrt.

Größe, Fassungsvermögen und Preise von Tontöpfen

Innendurchmesser oberer Rand	*Fassungsvermögen ca.*	*Topf kostet ca. DM*	*Untersetzer kostet ca. DM*
6 cm	0,2 l	0,25	0,40
7 cm	0,25 l	0,30	0,50
9 cm	0,5 l	0,40	0,60
12 cm	0,75 l	0,60	0,80
15 cm	1,5 l	1,00	1,50
18 cm	2,5 l	2,10	3,--
20 cm	4 l	3,20	3,--
24 cm	6 l	5,70	6,--
26 cm	8 l	7,50	7,50
28 cm	12 l	11,--	8,90
30 cm	15 l	17,--	10,90
32 cm	20 l	23,--	12,90

Für Bäume sollte man von vornherein einen Topf oder Kübel wählen, dessen Größe einige Jahre ausreicht, damit man nicht jedes Jahr einen neuen kaufen muß. Manche Bäumchen, wie zum Beispiel Orangen-, Zitronen- und Limonenbäume, gedeihen in kleinen Töpfen recht gut. Sie können drei oder vier Jahre in einem 5-l-Topf stehen. Andere Obstbäumchen – zum Beispiel Zwergpfirsich – haben ein weitläufiges Wurzelsystem, das mindestens so groß, gewöhnlich aber größer als der oberirdische Teil des Baums beim Kauf ist. Solche Bäumchen brauchen natürlich einen Topf, der den Wurzeln genug Raum bie-

tet. Große Holzkübel sind dafür wunderschön, leider aber auch recht teuer. Unter DM 50,-- wird kaum einer angeboten. In Deutschland sind diese Kübel gewöhnlich aus Eichenholz, woanders wird auch Redpine, Teak- oder Zedernholz dazu verarbeitet. Da diese Hölzer nicht faulen, kann die Erde direkt eingefüllt werden. Bei Holzkisten oder Kübeln aus Fichte oder Kiefer sollte die Innenseite mit Cuprinol, Teerfarbe oder einem handelsüblichen, pflanzenunschädlichen (!) Holzschutzmittel behandelt werden, damit sie nicht verrotten. Sehr zu empfehlen ist es, solche Holzkübel auf mit Rädern versehene Paletten zu stellen, denn wenn sie mehr als 30 cm Durchmesser haben, werden sie recht schwer. Ein mit Erde gefüllter Holzkübel mit

50 cm Durchmesser kann über 100 kg wiegen. So eine Palette ist einfach ein ca. 2,5 cm dickes Brett mit vier in alle Richtungen schwenkbaren Möbelrollen und ist schnell und leicht angefertigt.
Fässer eignen sich sehr gut für Beerensträucher. Imitationen alter Vorratsfässer oder Bierfässer gibt es heute fast überall zu kaufen. Das Herrichten eines Fasses macht etwas mehr Arbeit (siehe Erdbeeren S. 108), und ein mit Erde gefülltes Faß ist sehr schwer, aber es ist sehr dekorativ und jahrelang brauchbar.
Wer ein wenig Platz in einem Innenhof hat oder ein Flachdach mit bequemen Zugang, entscheidet sich vielleicht für die Anlage eines Kastenbeets, das wie ein normales Gartenbeet bearbeitet und gepflegt werden kann. Hier ist aber Vorsicht geboten: vor dem Beschaffen des Materials sollte man unbedingt mit dem Hausbesitzer oder Hausverwalter sprechen, denn Behälter und nasse Erde haben ein beträchtliches Gewicht. Ein 20 cm hoch mit Erde gefülltes Kastenbeet von 2 m Länge und 1 m Breite kann über 10 Zentner wiegen. Zum Bau eines Kastenbeets nimmt man am besten 5 cm dicke und 30 cm breite Holzdielen und verstärkt die Eckverbindungen wie gezeigt mit Eisenwinkeln. Eichenholz wäre natürlich unübertroffen, ist aber kaum erschwinglich. Andere Hölzer müssen – wie oben bei den Pflanzkübeln beschrieben – mit einem unschädlichen Holzschutzmittel behandelt werden. Die Länge des Beetes hängt natürlich vom vorhandenen Platz ab. Es sollte aber mindestens 90 cm breit sein, damit es für zwei oder drei Reihen Rettiche, Salat, Rüben, Möhren oder Zwiebeln groß genug ist – eine Art Mini-Gemüsegarten.
In den Gartenfachgeschäften werden aber auch große Pflanzmulden angeboten, die sich gut als Kastenbeet eignen. Wenn das Beet auf dem Balkon angelegt werden soll, haben diese Mulden noch den Vorteil, daß man sie leicht auf Möbelrollen stellen kann, um sie immer ins beste Sonnenlicht zu rollen. Die Betonwand eines Balkons oder das asphaltierte Flachdach reflektieren im Hochsommer einen Großteil der Sonnenwärme.

Es empfiehlt sich deshalb, unter den Pflanzkasten eine dunkle, lichtabsorbierende Plastikfolie oder anderes geeignetes und wetterfestes Material zu legen. Allwetter-Teppichboden für drinnen und draußen ist ein guter Wärmeabsorbierer – Reste bekommt man sicher leicht in Teppichfachgeschäften oder Warenhäusern.

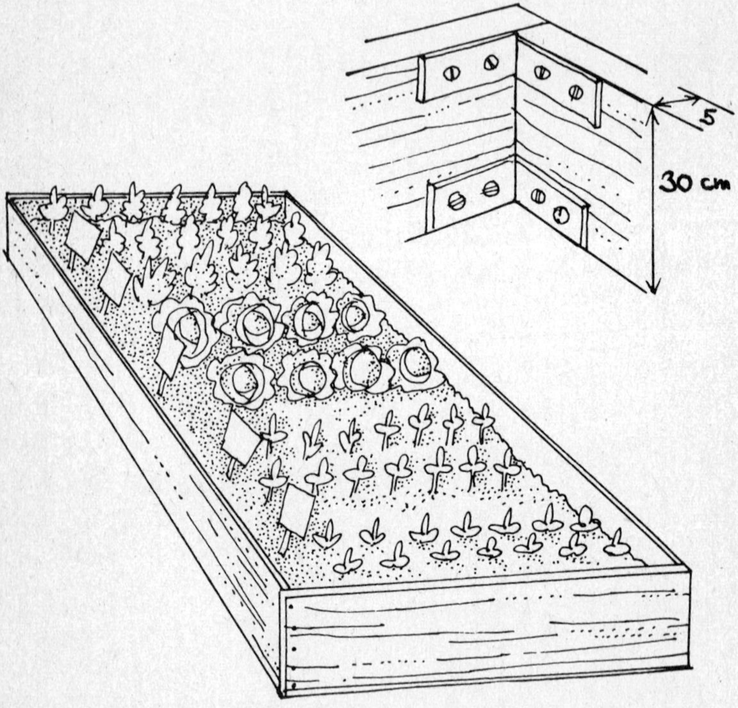

Ein nicht so dekoratives Pflanzgefäß stellt man einfach in einen hübschen Übertopf. Es fällt überhaupt nicht auf, wenn in einem Weidenkörbchen eine ganz gewöhnliche Kaffeedose steckt (das Körbchen wird innen mit Sphagnum-Moos, das es in jedem Gartenfachgeschäft gibt, ausgelegt). Blech- oder Plastikgefäße findet man überall in allen gewünschten Größen nahezu kostenlos, wenn man nicht auf die Schönheit achten muß.

Dekorative Körbe aus Weide oder Peddigrohr, Schilf oder Palmblättern, mit denen man solche Pflanzbehälter verdecken kann, sind wieder sehr in Mode und werden in jeder beliebigen Größe und Form angeboten.
Aus jeder Plastiktüte – Gefrierbeutel, Frühstückstüte, Einkaufsbeutel, Mülltüte – läßt sich ein billiges und sehr brauchbares Gefäß herstellen. Die Pflanzen können von der Saat bis zur Erntezeit darin bleiben. Man füllt die Beutel mit einer Erdmischung (s. S. 26), läßt aber so viel Platz, daß sie zugebunden oder umgefaltet und mit Heftklammern geschlossen werden können. Dann werden die Beutel auf die Seite gelegt, die Erde flachgedrückt und in die Oberseite Löcher für die Samen, in die Unterseite Drainagelöcher geschnitten. Das so präparierte, in Plastik gepackte »Erdkissen« wird in ein Gefäß gelegt, das das überschüssige Wasser nach dem Gießen auffängt. Dazu ist nahezu jedes Gefäß geeignet, weil sich diese »Erdkissen« jeder Form und jeder Größe anpassen.

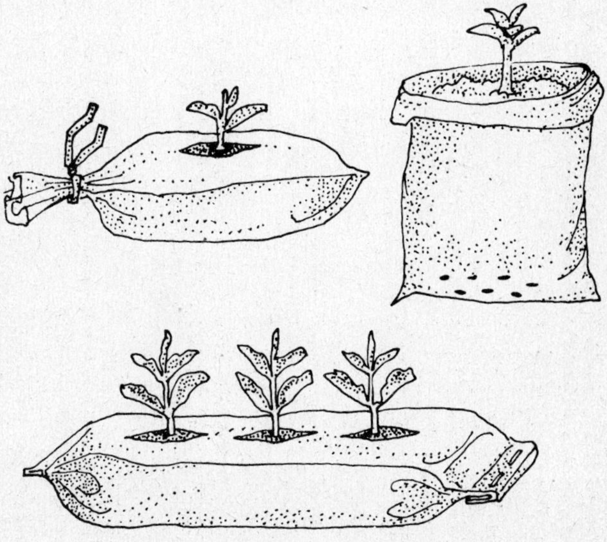

Auch Gartenliebhaber mit absolut keinem Platz im Freien brauchen nicht verzagen. Schließlich gibt es immer noch Fenster. Hausbesitzer oder Mieter mit einem freundlichen Hauswirt können ein gewöhnliches Fenster zu einem Blumenfenster umbauen. Es gibt heute schon vorgefertigte Einbaufenster, die keinerlei Reißarbeiten oder bauliche Veränderungen verursachen, da sie eine Art Innenerker bilden.
Aus einem mittelgroßen Normalfenster kann auf diese Weise ein Blumenfenster mit etwa 1/2 m^2 Anbaufläche werden. Wenn ein solcher Blumenerker nach außen vorgebaut wird, ist unter Umständen eine Baugenehmigung erforderlich. Darüber muß man sich natürlich vor Aufgabe der Bestellung informieren. Es werden auch kleine Fensterbrett-Gewächshäuser angeboten, die zwischen DM 10,-- und DM 40,-- kosten und sich für kleine Pflanzen gut eignen. Die Fensterbretter selbst bieten notfalls auch Platz für ein paar Blumentöpfe, und mit Regalbrettern, die auf einfache Träger gelegt werden, kann man sie leicht verbreitern und so zusätzlichen Platz gewinnen.
Innen und außen am Fenster aufgehängte, mit Pflanzen besetzte Körbe sind nicht nur weitere Anbauflächen, sondern auch eine ausgesprochene Verschönerung. Ganz reizend wirken darin zum Beispiel die kleinen Tim-cherry-Tomaten. Drahtkörbe sind für diesen Zweck überaus praktisch und recht preisgünstig. Da gibt es die in Frankreich zum Salatwaschen üblichen Drahtkörbe, aber auch die Einkaufskörbe für Fahrräder eignen sich gut. Man legt diese Körbe mit nicht zerkleinertem, aber gut durchfeuchtetem Sphagnum-Moos aus, und zwar nicht nur auf dem Korbboden, sondern auch an den Seitenwänden. In das etwa 4 cm dicke Moosbett füllt man dann die Blumenerde, in die die Pflanzen gesetzt werden. Damit die Feuchtigkeit im Korb länger erhalten bleibt, wird auf die Erde ebenfalls eine Deckschicht aus Moos gebreitet.
Natürlich können auch andere Gefäße aufgehängt werden. In Holztöpfe werden dazu Löcher für Ketten gebohrt und Keramiktöpfe oder Tonschalen in Netze gestellt. In Makramee-

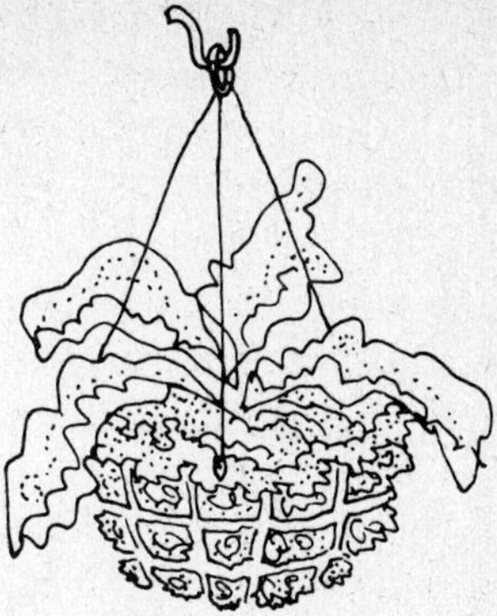

Technik knüpft man sich solche einfachen oder komplizierten Blumenampeln selbst in der persönlichen Lieblingsfarbe.
Nicht viel weniger als die Pflanzen, tragen auch die Gefäße ihren Teil zur Verschönerung des Innenhofs, des Balkons, der Außentreppe oder eines Raums bei. Ganz nach Geschmack können sie ausgefallen, auffällig oder dezent sein. Es gilt aber immer die Regel, daß die Pflanze die Hauptsache bleiben muß. Gewöhnlich zeigt sich, daß einfache Tontöpfe, Holzkübel und Steinkrüge am besten wirken (und auch zweckdienlicher sind,

als so ausgefallene Zusammenstellungen wie zum Beispiel ein Philodendron in einer alten Kaffeemühle).
So manche Anregung bringt ein Gang durchs Warenhaus oder Haushaltswarengeschäft. Dort entdeckt man meistens recht dekorative und trotzdem preiswerte Gefäße: Schüsseln, Kübel und Körbe, Kessel, Töpfe und Pfannen, Schachteln und Eimer. Wie wäre es einmal mit einem Sieb? Das ist etwas Besonderes, wirkt aber nicht kitschig. Mit Plastikfolie ausgelegt, die unten durch ein paar Löcher des Siebs durchstochen wird, mit einer Schicht Kies und Erde gefüllt und mit Petersilie bepflanzt ist es praktisch und sieht ausgesprochen apart aus, auch wenn es zweckentfremdet ist . . .

Ton, Holz, Keramik, Kunststoffe, Metalle und Hartschaum – es spielt keine Rolle, aus welchem Material ein Pflanzgefäß ist, solange es Drainagelöcher hat. Die verschiedenen Gefäße unterscheiden sich hauptsächlich durch ihre unterschiedlichen Drainagevorrichtungen und durch die Porösität des Materials. Diese zwei Faktoren bestimmen, wieviel und wie oft gegossen werden muß. Pflanzen brauchen zum Überleben nicht nur Wasser, sondern auch Luft, und deshalb müssen die Wurzeln abwechselnd trocken und feucht sein. Extreme Trockenheit oder Nässe beeinträchtigen die Gesundheit einer Pflanze selbstverständlich nachhaltig.
Bei der Topfwahl muß also zuerst auf die Drainage geachtet werden. Hat ein Topf weniger als 25 cm Durchmesser, reicht

ein Drainageloch mit 1,5 cm Durchmesser aus. Größere Töpfe – mit Ausnahme der ziemlich porösen Tontöpfe – sollten drei oder vier 1 cm große Drainagelöcher haben. Bei porösen Gefäßen dringen Luft und Wasser durch die Gefäßwand, so daß sie nicht so große Drainagelöcher haben müssen. In den folgenden Abschnitten ist die Durchlässigkeit und Drainage-Eigenschaft verschiedener Gefäße dargestellt.

Gewöhnlicher Tontopf – Ton ist porös und läßt Luft und Wasser durch die Gefäßwand in die Erde eindringen. Die vorhandenen Drainagelöcher sind gewöhnlich groß genug und ausreichend.

Holzgefäß – Weniger porös als Ton, das Drainageloch im Boden fehlt häufig, es können aber leicht Bohrlöcher angebracht werden. Wenn keine Drainagelöcher vorgesehen sind, füllt man unter die Blumenerde eine Schicht grobe Kieselsteine.

Kunststoff-Topf – Überhaupt nicht porös. Sie müssen nicht so häufig gegossen werden, und das kann ein Vorteil sein, wenn man übers Wochenende wegfährt.

Hartschaum-Topf – Luft-, aber nicht wasserdurchlässig; muß nicht so oft gegossen werden wie ein Tontopf.

Plastiktüte – Weder luft- noch wasserdurchlässig; da bei einem verschlossenen Plastikbeutel nur wenig Wasser verdunstet, muß nur wenig gegossen werden.

Kastenbeet und Pflanzentrog – Wegen der großen Oberfläche spielt die Porösität des Materials keine so große Rolle wie bei Töpfen und kleineren Gefäßen. Zur Verbesserung der Drainage und für die Luftzirkulation ist es gut, unter die Erde eine Schicht grobe Kieselsteine zu füllen. Wenn dadurch die Anlage zu schwer wird – zum Beispiel auf dem Dach oder Balkon – kann man statt Kieselsteinen Blähton nehmen, den Gartenfachgeschäfte für Hydrokulturen führen, oder die als Verpakkungsmaterial Verwendung findenden erdnußgroßen Schaumstoff-Flocken. Kastenbeete haben eine hohe Verdunstungsquote und müssen unbedingt jeden Tag gegossen werden.

Hängende Körbe – Ein Korb trocknet schnell aus und muß für gewöhnlich täglich gegossen werden. Am besten wird er so aufgehängt, daß er zum Bewässern leicht abgenommen werden kann. Er wird dann einige Minuten bis zum oberen Rand der Erde in Wasser gestellt, damit er sich richtig vollsaugen kann. Vor dem Aufhängen läßt man dann das Wasser ein paar Minuten abtropfen. Meistens haben Körbe keine Auffangvorrichtung für überschüssiges Wasser. Das hat seine Nachteile, besonders wenn der Korb über einem Durchgang oder Gehweg hängt.

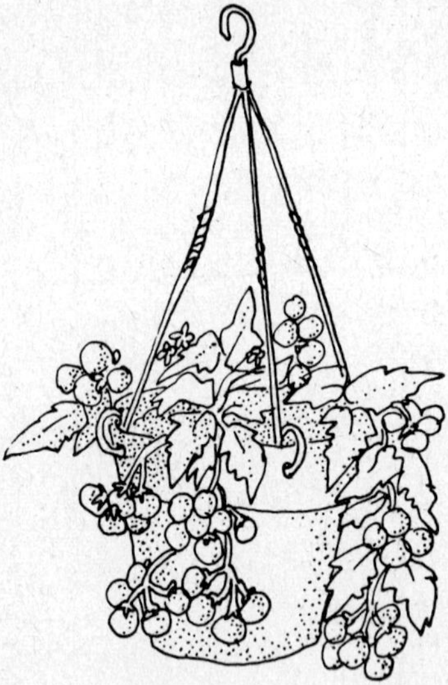

Hängende Töpfe – Gewöhnlich stehen die Blumentöpfe in einem Übertopf oder auf einem Untersetzer, aber selbst dann trocknen Hängetöpfe gern aus und müssen täglich gegossen werden. Beim Bepflanzen hängender Körbe und Töpfe füllt man Erde am besten nur bis etwa 2 cm unter dem Rand ein, da sonst beim Gießen das Wasser über den Rand läuft, ehe es von der Erde aufgesaugt wird.

Sobald der »Garten« größer wird – und das wird er mit Sicherheit – stellt sich heraus, daß die Pflege wesentlich erleichtert wird, wenn die Töpfe in Gruppen auf einem fahrbaren Untersatz stehen. Das kann ein Tee- oder Servierwagen sein, ein alter Kinderwagen, eine Schubkarre oder auch ein starkes Sperrholzbrett (mindestens 2 cm) mit schwenkbaren Möbelrollen. In kühlen Frühjahrs- oder Herbstnächten, bei Hagel oder Sturm können die Pflanzen dann schnell an einen anderen Platz geschoben werden, in eine geschützte Ecke oder notfalls ins Haus. Bei plötzlichen Hagelgewittern ist man oft heilfroh, wenn man seinen ganzen »Garten« in Sicherheit rollen kann und nicht auf eine hastig angebrachte Plastikfolie vertrauen muß, die vielleicht bald zerfetzt davonfliegt.
Noch ein Wort zur Platzfrage. In Gebäuden mit Fahrstuhl gibt es häufig breite Treppenhäuser, die kaum benutzt werden. Ein eifriger Hobbygärtner könnte nun auf die Idee kommen, diesen bestens geeigneten und scheinbar ganz ungenutzten Raum für seine Zwecke zu entfremden und die Stufen mit seinen Gemüsepflanzen zu besetzen. Gewöhnlich gibt es hier aber Vorschriften, da diese Treppenhäuser gleichzeitig als Feuertreppe dienen und unbedingst frei zu halten sind.

2. *Die richtige Erdmischung*

Für den Anfang braucht man nicht mehr als einen Topf, etwas Erde und Samen. Aber während es relativ leicht ist, einen passenden Topf zu finden, kann das Besorgen von Erde ein Problem werden. Nur in den öffentlichen Parks findet der Großstädter noch einen gewachsenen Boden. Doch die Stadtgärtner wären sicher recht ungehalten, wenn man diese Erde im Blumentopf mit nach Hause tragen würde. Wer also unbedingt ganz normale Erde in seine Töpfe füllen will, sollte sich deshalb lieber an einen Gartenbesitzer oder freundlichen Bauern wenden, anstatt bei Nacht und Nebel mit dem Spielzeugeimer und der Schaufel der Kinder in den Park zu schleichen.
Gewöhnliche Gartenerde eignet sich gut für Pflanzen, die über das Keim- und Setzlingsstadium hinaus sind und umgetopft werden können, oder für die Wurzelstöcke von Zwerg-Zitro-

nenbäumen und anderen Obstbäumen. (Zur Auflockerung und um das Gewicht zu verringern, mischt man unter die Gartenerde etwas gekaufte Blumenerde.) Vorsicht ist aber bei gewöhnlicher Gartenerde immer geraten. Auch die beste sollte sterilisiert werden, bevor sie für die Saat benutzt wird.
Bei Verwendung von nicht sterilisierter Erde besteht immer die Gefahr einer Pilzerkrankung durch in der Erde vorhandene Sporen. Das Auftreten dieser sogenannten »Umfall-Krankheit« oder »Schwarzbeinigkeit« ist deprimierend und entmutigend. Die Samen keimen und es entwickeln sich kräftige Setzlinge, bei denen ganz plötzlich die Stengel direkt über der Erde zusammenschnurren und schrumpfen. Die Pflänzchen, die zuerst so vielversprechend gewachsen sind, fallen um und sterben praktisch über Nacht.
Um diese »Umfall-Krankheit« und andere unerfreulichen, wenn auch weniger dramatischen Erkrankungen zu vermeiden, muß eine gewöhnliche Gartenerde sterilisiert werden, ehe sie als Blumentopferde für die Ansaat benutzt werden kann. Am einfachsten ist es, sie in einer flachen Pfanne bei 100 °C mindestens eine Stunde lang zu erhitzen. Das ist allerdings nicht ganz so unproblematisch, wie es sich anhört, sondern kann zu einer ganz erheblichen Schweinerei mit einem fürchterlichen Gestank werden. Außerdem kann die so behandelte Erde erst zwei Wochen später benutzt werden, denn so lange dauert es, bis sich das beim Erhitzen entstandene Ammoniak verflüchtigt hat.
Deshalb entscheiden sich die meisten Blumentopfgärtner, da sie für ihren Garten so oder so nur geringe Mengen benötigen, für den Kauf einer fertigen Erdmischung (oder eines Torfkultursubstrats – TKS), oder sie besorgen sich die abgepackt erhältlichen Zutaten und mischen sie selbst.
Die verschiedenen käuflichen Erdmischungen für Blumentopfkulturen haben viele Vorteile: sie sind so zusammengesetzt, daß sie den Pflanzen optimale Wachstumsbedingungen bieten; sie sind frei von Krankheitserregern, Nematoden (Würmer, die

die Wurzeln anfressen) und Unkrautsamen, und sie sind viel leichter als gewöhnliche Gartenerde. Das erleichtert einen unter Umständen nötigen Transport der Pflanzgefäße. Ein mit Gartenerde gefüllter Kunststofftopf mit 20 cm Durchmesser wiegt etwa 5 Kilo, mit Blumenerde würde er nur etwa halb so viel wiegen. Außerdem ist die Spezial-Blumenerde locker und porös, so daß Wurzelgemüse gut gedeihen kann und eine hervorragende Drainage gewährleistet wird.
Diese Blumenerde gibt es in verschiedenen Abpackungen, von 2,5 l bis 50 l, von DM 1,-- bis DM 10,--. Für zwölf 20-cm-Töpfe braucht man also einen 50-l-Sack. Einige Erdmischungen sind mit Nährstoffen angereichert, die die Pflanzen mehrere Wochen lang versorgen. Bei anderen müssen diese Nährstoffe zugegeben werden, sobald die Samen keimen. Spezialerde für Usambara-Veilchen ist wegen ihrer feinen Krume für Gemüse ungeeignet.
Natürlich kann man sich auch selbst eine Blumenerde zusammenmischen. Das folgende Rezept reicht in der Menge für die

---

Rezept für Blumenerde

---

100 l Sphagnum-Moos
100 l Hygromull bzw. Styromull (Kunststoff-Flocken)
2,5 Pfund Kalk (die kleinste Packung enthält ca. 6 kg und kostet etwa DM 6,--)
und entweder
2 Pfund Spezialdünger für Tomaten, zum Beispiel einen 6 – 18 – 6 oder 5 – 10 – 10 Dünger (Diese geheimnisvollen Zahlen, die gar nicht so verwirrend sind, wie es aussieht, werden auf S. 44 erläutert.)
oder
2 Pfund 5 – 10 – 5 Dünger und 1 Pfund Superphosphat (0 – 20 – 0).

---

ersten Versuche, wenn es zuviel ergibt, nimmt der Nachbar gern einen Teil ab. Die Zutaten gibt es in den angegebenen Packungsgrößen (außer Kalk) im Gartenfachhandel, manchmal gibt es auch kleinere Mengen, falls jemand nicht gleich groß einsteigen will.
Alle diese Zutaten werden auf einer Segeltuchplane oder starken Plastikfolie gemischt. Am besten macht man diese Arbeit auf dem Balkon oder der Veranda. Küche oder Bad sollten nur letzte Zuflucht sein. Nach und nach vermengt man die Zutaten und befeuchtet sie dabei gleichmäßig mit heißem Wasser. Das Wasser verhindert die Staubbildung, und heißes Wasser wird vom Moos besser aufgenommen.
Die Zutaten umzurühren, wäre viel zu schwer. Am besten benutzt man eine Schaufel oder – wenn man keine hat, und das dürfte bei den meisten Städtern der Fall sein – eine alte Bratpfanne. Zunächst nimmt man von jeder Zutat nur wenig und mischt sie mit der Schaufel, dann macht man in gleicher Weise einen zweiten Haufen, mischt diesen und gibt Wasser dazu, ehe man ihn auf den ersten schaufelt und mit diesem mischt. So schaufelt man die Mengen mehrmals hin und her, bis alles gut gemischt ist. Auch wenn man dabei sein Kreuz spürt, darf man nicht mit dem Hin- und Herschaufeln aufhören. Wenn es zu sehr staubt, kommt noch etwas Wasser dazu. Wenn die ganze Prozedur überstanden ist, werden die meisten wahrscheinlich beschließen, im nächsten Jahr lieber doch fertige Blumentopferde zu kaufen.

3. *Saatgutwahl und Aussaat*

Päckchen mit Gemüsesamen findet man in den Regalen der Blumenläden, Gartenfachgeschäfte und Warenhäuser. Meistens werden von den bekannten und verbreiteten Gemüsearten mehrere Sorten geführt. Wer nur ein oder zwei verschiedene Gemüse anbauen kann oder will – zum Beispiel Radieschen und Salat – sollte seine Samen getrost dort kaufen. Wichtig ist dabei, daß man auf das aufgedruckte Datum achtet, das für das laufende Gartenjahr gelten muß. Dieses Datum ist die Garantie für frisches und keimfähiges Saatgut.
Wenn die Wünsche aber über das im Samenregal Angebotene hinausgehen (und meistens sucht ein Blumentopfgärtner etwas Besonderes und Ausgefallenes), bezieht man seine Sämereien besser über Kataloge direkt von einer großen Samenhandlung. Diese Großhandlungen verschicken ihre Kataloge

zum Teil kostenlos und es lohnt sich, sie bei mehreren Firmen anzufordern. Gewöhnlich erscheinen sie schon im Dezember oder Januar; so kann man in Ruhe planen, aussuchen und bestellen und ist sicher, daß das Saatgut rechtzeitig zur ersten Saat im Frühling geliefert wird.

In den letzten Jahren wurden speziell für den Anbau in Töpfen und winzigen Gärten viele neue Obst- und Gemüsesorten gezüchtet. Es gibt inzwischen Zwerg- und Miniaturformen von fast allen Arten – Pfirsiche, Gurken, Limabohnen und sogar Mais. Ohne gründliches Studium der neuesten Kataloge erfährt man vielleicht gar nicht, welche große Auswahl an möglichen Pflanzen und neuesten, verbesserten Sorten angeboten werden. Jeder echte Gärtner – ob er nun sein Land in Hektar oder Zentimeter mißt – wird sich ein paar Winterabende für diese informative und farbenfrohe Lektüre Zeit nehmen.

Einige Gemüsearten kann man direkt in den endgültigen Töpfen ansäen, bei anderen werden jeweils nur zwei oder drei Samen in kleine Anzuchttöpfe oder Saatkästen gesät. Wenn die Pflänzchen dann das Setzlingsstadium erreicht haben, werden sie in größere Töpfe umgepflanzt. Bei den Angaben über die einzelnen Gemüsearten am Ende dieses Buches und auf den Samenpackungen findet man genaue Instruktionen, ob direkt in das endgültige Gefäß oder erst in einen Anzuchttopf gesät werden muß.

Im Prinzip kann jedes zur Verfügung stehende Gefäß als Anzuchttopf dienen, am besten eignen sich aber flache, etwa 5 bis 7 cm tiefe Kästen. In ihnen können sehr viel mehr Samen ausgesät werden, und sie sind auch sonst praktischer als tiefe Töpfe. Bestens geeignet ist zum Beispiel eine längliche Kuchenform (Kastenform). Wenn es sich dabei allerdings um die einzige handelt, die man hat, sollte man sie lieber mit Folie auslegen, damit sie sich nicht verfärbt. Auch Gefrierdosen aus Kunststoff eignen sich sehr gut als Anzuchtkästen.

Ganz wichtig ist gerade bei Anzuchtgefäßen eine gute Drainage. Löcher im Gefäßboden wären natürlich am besten, aber sie

sind nicht unbedingt nötig. Eine 1,5 cm hohe Schicht Topfscherben oder Kiesel auf dem Gefäßboden reichen unter Umständen auch als Drainage aus. Darauf kommt dann eine gleichmäßige, 3 – 5 cm dicke Schicht Blumen- oder Saaterde. Man feuchtet sie gut an und läßt sie sich eine Zeitlang setzen. Dann kann man die Samen in den auf der Packung angegebenen Abständen auf die Erdschicht legen (Saattiefe und Samenabstand stehen immer auf der Rückseite der Samenpackung) und sie mit der entsprechenden Menge feuchter Blumentopferde bedecken. Zum Schluß wird die Erde leicht mit einem Glasboden oder mit der Hand angedrückt.
Nun kann es aber doch passieren, daß der eine oder andere Samen nicht aufgeht. Deshalb sät man vorsorglich doppelt soviel Samen aus wie man später Pflanzen haben möchte. Gewöhnlich sind in einem Samentütchen viel mehr Samen, als man brauchen kann. Das ist aber kein Grund, sie nun alle auszusäen. Den Rest kann man gut bis zum nächsten Jahr aufheben, wenn man sie kühl und luftig aufbewahrt. Solange sie Luftzufuhr haben und nicht feucht werden, leben Samen im Ruhestadium weiter. Gut sind sie in einem Marmeladeglas untergebracht, in dessen Deckel man ein paar Löcher sticht, ehe man es in eins der unteren Fächer im Kühlschrank stellt, möglichst weit vom Kühlfach entfernt.
Nach dem Säen bedeckt man den ganzen Anzuchtkasten mit einer durchsichtigen Plastikfolie, die aber die Erde nicht berühren darf. Diese Folienabdeckung sorgt für gleichmäßige Feuchtigkeit im Saatkasten. Bis die Samen aufgegangen sind, braucht man nicht zu gießen. Im Gegenteil, alle paar Tage muß geprüft werden, ob die Erde nicht zu feucht ist oder ob sich gar Mehltau bildet. Sollte dies doch einmal der Fall sein, dann nimmt man sofort die Folie ab und stellt den Kasten einige Stunden in die Sonne, damit die Erde schnell abtrocknet. Günstig ist es selbstverständlich, wenn man von Anfang an nicht zuviel Wasser nimmt, sondern die Erde nur gut anfeuchtet. Dann wird der Anzuchtkasten an einen warmen (18 bis 23 °C) Platz gestellt,

nicht aber in die pralle Sonne oder direkt neben den Ofen. Nun beginnt das gespannte Warten auf das erste zarte Grün. Die Keimzeit (das heißt die Zeit bis zum Beginn des Wachstums) ist von Pflanze zu Pflanze verschieden, sie ist jedoch meistens auf der Samenpackung angegeben. Mit wenigen Ausnahmen keimen die Samen im Dunkeln schneller. Sofern auf der Samenpackung nichts vermerkt ist, stellt man deshalb die Saatkästen lieber etwas dunkel. Man deckt den Saatkasten während der auf der Packung angegebenen Keimzeit einfach mit einer Zeitung ab – und schaut dann ein paarmal am Tage nach, ob nicht schon etwas »herausgekommen« ist. Wenn es dann endlich soweit ist, sieht man nur die zarten, gebogenen weißen Stengel, manchmal sind sie dick, manche ganz dünn, die sich aus dem Boden schieben.

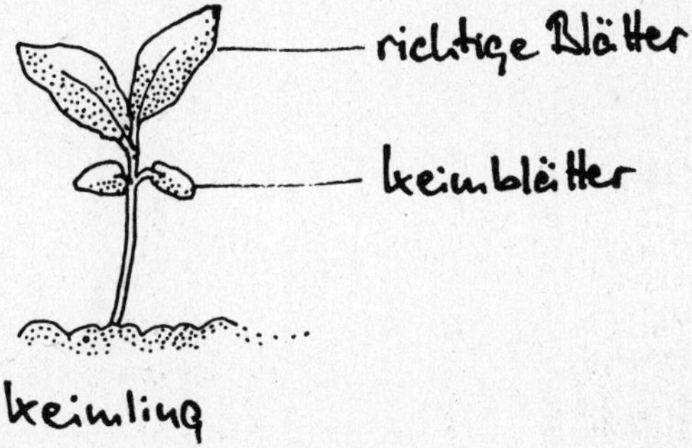

Nun wird die Zeitung und die Folie abgenommen und der Kasten ins helle Licht gestellt, aber nicht direkt in die Sonne. Schon am nächsten Tag stehen die etwa 1 cm langen Stengel aufrecht. Dann muß man wahrscheinlich etwas gießen, um die Erde leicht feucht zu halten. Ein starker Wasserstrahl kann die lockere Erde verschieben, wodurch das Pflanzenwachstum erheblich gestört würde. Deshalb gießt man am besten mit einer Sprühflasche, wie sie zum Wäscheanfeuchten benutzt wird, oder mit einer Gießkanne mit Brause.

Ein oder zwei Tage später entfalten sich die ersten Blätter. Das sind die sogenannten »Keimblätter«. Drei bis vier Tage später folgen zwei weitere Blätter, die »echten Blätter«, die sich von den Keimblättern dadurch unterscheiden, daß sie in Form und Struktur bereits dem Blattwerk der ausgewachsenen Pflanze entsprechen. In diesem Wachstumsstadium werden die Pflanzen »Setzlinge« genannt.
Da mehr Samen gesät wurden, als man Pflanzen brauchen oder unterbringen kann, müssen die überzähligen Setzlinge ausgedünnt werden. Dazu ist die richtige Zeit gekommen, wenn die Pflänzchen so groß sind, daß sie sich gegenseitig berühren (außer bei Kopfsalat und anderen Salatpflanzen). Diese Arbeit mag vielleicht herzlos erscheinen, ist aber die Grundlage für das gute Gedeihen der restlichen Pflanzen. Die Setzlinge brauchen optimale Wachstumsbedingungen, und deshalb muß man jede überflüssige Konkurrenz ausschalten, da sie sich sonst gegenseitig Nahrung, Wasser und Wuchsraum streitig machen.

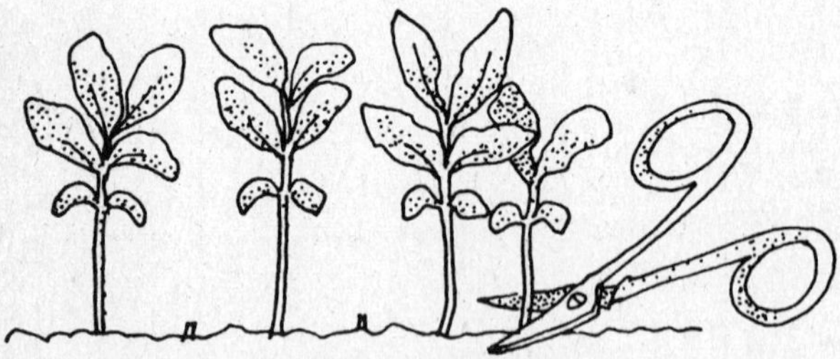

Zum Ausdünnen benutzt man am besten eine schmale, scharfe Schere (z. B. Nagelschere, Schneiderschere, Friseurschere), mit der man die überzähligen Setzlinge direkt über dem Boden abschneidet. Wenn man die überzähligen Setzlinge mit der Hand

ausziehen würde, könnte das Wurzelsystem der verbleibenden Pflanzen zerstört werden.
Der Versuch, überzählige Setzlinge umzutopfen, mißglückt im allgemeinen. Meistens hat man so oder so zuviel Pflanzen, und außerdem gehen ausgezogene und umgetopfte Setzlinge häufig ein. In der Regel wirf man ein Zuviel an Setzlingen einfach weg.
Wenn die Setzlinge vier oder sechs echte Blätter haben (zwei oder drei Blattpaare) oder sich gegenseitig einengen, wird es Zeit, sie in größere Gefäße umzutopfen. Dabei läßt sich kaum vermeiden, daß die zarten Wurzeln der Pflänzchen verletzt werden. Man muß so behutsam wie nur möglich vorgehen, damit der Schock für die Pflanzen nicht zu groß ist. Deshalb sollte das neue Pflanzgefäß fix und fertig bereit stehen, ehe man auch nur ein Blättchen berührt. Der neue Topf muß natürlich ganz sauber sein. Über das Drainageloch im Boden legt man ein Stück Maschendraht oder eine Topfscherbe (ein Stück von einem zerbrochenen Tontopf) mit der Wölbung nach oben, so daß das Gießwasser abfließen kann, ohne daß Kieselsteinchen oder Erde das Loch verstopfen. Auf diese Drainagevorrichtung kommt eine Schicht Blähton oder Kieselsteine. Eigentlich kann man dafür alles nehmen, es darf nur nicht faulen oder klumpen: Murmeln, Kronenkorken, Keramik- oder Porzellanscherben und auch die weißen Kunststoffkügelchen, die oft als Verpackungsmaterial dienen. Erst dann füllt man den Topf bis zu zwei Drittel mit einer guten Erdmischung, der Rest kann dann aus gewöhnlicher Gartenerde bestehen.
Wenn die Erde im Anzuchtkasten immer leicht feucht gehalten wird, bleibt beim Trennen und Herausheben der Pflänzchen für das Umtopfen wenigstens ein bißchen Erde an den Wurzeln hängen. Vor dem Herausnehmen lockert man die Erde in einem Kreis etwa 2,5 cm um das Pflänzchen herum mit einer alten Küchengabel auf. Dann hebt man das Pflänzchen mit der Gabel ganz behutsam aus der Erde, nimmt es vorsichtig bei den Blättern (um den zarten Stengel nicht zu zerquetschen)

und setzt es sofort in den vorbereiteten Topf. Wenn der Anzuchtkasten zum Beispiel aus einer alten Gefrierdose bestand, kann man ihn auch einfach mit einer Schere aufschneiden und die Pflänzchen vorsichtig mit einem Spachtel herausheben. Über die Pflanztiefe braucht man sich nicht zu viele Gedanken machen, mit Ausnahme von Erdbeeren und Bäumen spielt sie bei den meisten Pflanzen keine große Rolle. Für gewöhnlich werden Gemüsepflanzen an ihrem endgültigen Standort etwas tiefer gesetzt als sie im Anzuchtkasten standen. Tomaten schätzen es sogar, wenn der Stengel bis zur Hälfte in den Boden gepflanzt wird.

Anschließend füllt man den Topf bis etwa 2 cm unter dem Rand mit Blumentopferde. Sie wird vorsichtig mit der Hand festgedrückt, aber mehr nach unten als gegen die Pflanze selbst. Dann stellt man den ganzen Topf in ein größeres, mit Wasser gefülltes Gefäß (der Wasserspiegel darf aber nicht höher als die Erde im Topf sein), damit er sich mit Wasser vollsaugen kann. Man kann ihn auch gießen, muß aber dann eine Gießkanne mit Brausekopf nehmen. Bei beiden Bewässerungsmethoden setzt sich die Erde im Topf etwa um 1 cm. Deshalb füllt man anschließend noch etwas Erde nach, so daß sie wieder bis 2 cm unter den Rand reicht.

Weitaus bequemer ist die Pflanzenaufzucht aus Samen, wenn man von Anfang an einzelne Torftöpfe benutzt, weil dann die ganze Mühe des Umtopfens entfällt. Es handelt sich dabei um kleine Töpfe aus gepreßtem Torfmoos, manchmal auch aus 75 % gepreßtem Torfmoos und 25 % gepreßten Holzfasern. Sie werden mit Blumentopferde gefüllt und in jeden zwei oder drei Samenkörnchen gelegt (später wird dann auf einen Setzling pro Topf ausgedünnt).

Sobald die Setzlinge groß genug zum Umtopfen sind, stellt man den Torftopf in Wasser, damit er sich vollsaugt und schneidet vorsichtig den Boden weg. Dann pflanzt man den Setzling mitsamt dem Torftopf in die Erde eines größeren oder des endgültigen Topfes. So haben die Pflanzenwurzeln unten

Zugang zu der neuen Erde, während sich die Reste des Torftopfes langsam auflösen und der Pflanze dabei Nährstoffe zuführen. Solche Torftöpfe führt jedes Geschäft für Gartenbedarf. Sie kosten je nach Größe und Mengenabnahme zwischen 10 und 50 Pfennig. Es gibt sie in Größen von 2 cm bis 10 cm. Ähnlich sind die im Handel angebotenen gepreßten Torfscheiben oder Torfkissen. In Wasser eingeweicht quellen sie zu kompletten, ca. 13 cm großen, mit Blumenerde und Nährstoffen gefüllten Torftöpfen auf, in die man nur noch die Samen einlegen muß.

Recht gut eignen sich zur Anzucht auch die Eierschalenschachteln aus Pappe. Jede Hälfte bietet sechs oder zehn einzelne »Töpfchen« für die Aussaat. Nach dem Aufgehen und Ausdünnen werden die Schachteln in einzelne »Töpfchen« zerschnitten und jedes »Töpfchen« in den endgültig für die Pflanze bestimmten Topf gesetzt. Dabei sollte man, wie beim Torftopf, vorher den Topfboden aus Pappe wegschneiden.
Neuerdings werden sogar fix und fertige Töpfe angeboten, mit Erde und Samen und allem Drum und Dran, häufig in Verbindung mit Mini-Treibhäusern oder Anzuchtkästen. Bei den Töpfen braucht man nur noch Löcher in den Plastikdeckel stechen, gießen und abwarten. Meistens handelt es sich um Plastiktöpfe, die gegenüber den Torftöpfen natürlich den Nachteil haben, daß die Setzlinge später umgetopft werden müssen. Auch ist das Angebot noch recht begrenzt, meistens gibt es nur Küchenkräuter wie Petersilie, Schnittlauch, Kresse usw.
Ein Einzeltopf für jeden Setzling, besonders einer, der nach dem Umtopfen zerfällt, zahlt sich wirklich aus. Nicht nur wegen der hohen Erfolgsquote bei der Anzucht, sondern auch, weil er Zeit und Arbeit spart. Aber ganz abgesehen davon, ob man sich nun für einen Anzuchtkasten oder für Torftöpfe entscheidet: das Wichtigste ist, daß das Pflanzenwachstum nicht unterbrochen wird! Sobald der Samen aufgegangen ist und sich die Pflanze zu entwickeln beginnt, sollte das Wachstum stetig vorangehen. Die durch das Umtopfen verlorene Zeit und der dadurch entstandene Schock für die Pflanze fordern ihren Preis.
Ganz zum Schluß noch eine letzte Mahnung. Nach ein oder zwei ungewöhnlich milden Tagen im Februar oder März juckt es jeden Gärtner in den Fingern. Auch der Blumentopfgärtner bildet da keine Ausnahme, aber gerade er muß besonders geduldig sein. Bei einer verfrühten Saat erreicht die Pflanze das Umtopf-Stadium und das richtige Alter für die Umsiedlung ins Freie lange bevor das Wetter dies zuläßt. Wenn die Pflanzen aber in diesem Stadium weiter im Zimmer bleiben müssen, ge-

deihen sie nicht so, wie sie eigentlich sollten. Die Saat sollte deshalb frühestens sechs bis acht Wochen vor der richtigen Zeit für die Umsiedlung ins Freie erfolgen. Und nach draußen kommen die Pflanzen erst, wenn der Wetterbericht voraussagt, daß mit Sicherheit kein Frost mehr zu erwarten ist. Auch dann stellt man die Setzlinge am ersten Tag nur für ein bis zwei Stunden ins Freie (an einen schattigen Platz) und verlängert die Dauer jeden Tag etwas, so daß sich die Pflänzchen im Laufe einer Woche nach und nach an den Temperaturwechsel und die direkten Sonnenstrahlen gewöhnt haben. Dieses Akklimatisieren nennt man auch »Abhärten«. Vor zu starker Sonne müssen die Setzlinge auf jeden Fall geschützt werden. Vorschläge für Sonnenschutzvorrichtungen bringt das nächste Kapitel.

4. *Das richtige Licht*

Wer einmal mit der Gärtnerei angefangen hat – ob im Hof, auf dem Balkon, dem Dach oder dem Fensterbrett –, wird bald zum eifrigen Sonnenbeobachter, denn er muß unbedingt wissen, wo die Sonne im Laufe des Sommers jeweils steht. Ein Platz auf dem Balkon, der im Mai pralle Sonne hatte, kann im August ganz im Schatten liegen oder umgekehrt. Ehe man sich für bestimmte Obstsorten oder Gemüsearten entscheidet, muß man sorgfältig und gründlich prüfen, wieviel Sonnenlicht den Pflanzen zur Verfügung steht. Liegt der »Garten« im Osten, hat er die volle Morgensonne – liegt dafür aber nachmittags im Hausschatten. Auf der Nordseite gibt es wahrscheinlich, je nach Jahreszeit, nur Morgensonne. Im Süden haben die Pflanzen Morgensonne, stehen am Mittag in der prallen Sonnenglut und bekommen auch abends noch Sonne. Im

Westen ist natürlich keine Morgensonne, dafür scheint sie dort den ganzen Spätnachmittag über bis zur Abenddämmerung. Wohl nur auf einem Flachdach oder einer Penthouse-Terrasse hat ein Stadtgarten den ganzen Tag über Sonne.

Die meisten Obst- und Gemüsepflanzen brauchen volle Sonne, es gibt aber auch eine ganze Reihe, die mit einigen Stunden Sonne am Tag, im übrigen mit Halbschatten oder Schatten zufrieden sind. Trotzdem können gerade die Blumentopf-Gärtner ihren Pflanzen bestmögliche Wachstumsbedingungen schaffen, wenn sie ihre Töpfe je nach Sonnenstand und Jahreszeit auf den Platz stellen, der den Bedürfnissen der Pflanzen am meisten entspricht. Und je leichter sich die Gefäße transportieren lassen, desto größer ist die Flexibilität.

Licht ist eine Form von Energie. Manche Pflanzen brauchen mehr davon, andere weniger. Am meisten Licht brauchen Pflanzen, die Früchte entwickeln – nicht nur Pfirsich- und Feigenbäume, sondern auch Auberginen und Paprika. Wurzelgemüse, wie Radieschen und Möhren, kommen mit weniger Licht aus. Und am wenigsten Licht brauchen die Blattgemüse wie Salat und Mangold.

Bei sehr schlechten Bedingungen, also sehr wenig Sonnenlicht, kann die Installation einer zusätzlichen Lichtquelle Abhilfe schaffen. Wissenschaftler haben Leuchtstoffröhren für den Hausgebrauch entwickelt, die Energie in der Form produzieren, in der sie von Pflanzen absorbiert werden kann – Lichtstrahlen im Rot- und Blauspektrum. Diese Leuchtstoffröhren produzieren ein weiches, kühles Licht. Auch normale Glühbirnen produzieren Energie, aber der größte Teil davon (ca. 80 %) wird als Wärme anstatt als Energie abgegeben. Das von ihnen produzierte Licht – im gelben und grünen Bereich des Farbspektrums – brauchen Gemüsepflanzen erst, wenn sie blühen.

Starke Leuchtstoffröhren sind bei der Aufzucht von Setzlingen sehr nützlich, denn diese können bis 18 Stunden Licht täglich vertragen. Man sieht es sofort, wenn Setzlinge nicht genug

Licht bekommen – sie werden lang und dünn und recken sich der Lichtquelle entgegen.
In Elektrogeschäften und Gartenfachgeschäften gibt es starke Wachstumslampen (z. B. Gro-Lux-Lampen). Aber wenn man eine gewöhnliche Leuchtstoffröhre hat, reicht das auch aus. Wer nun eine zusätzliche Beleuchtung installieren möchte, sollte sich zunächst gründlich über das Angebot informieren. Es gibt eine große Auswahl unter den Beleuchtungsanlagen, in jeder Größe und zu jedem Preis, von der einfachen kleinen Leuchtstoffröhre zum Selbstinstallieren bis hin zu mehrstöckigen Regalen mit Lichtanlagen für jedes Fach. Bei einigen Anlagen sind Leuchtstoffröhren mit Glühbirnen kombiniert. Eine eingehende Prüfung, welche Beleuchtung für den speziellen Zweck am besten geeignet ist, lohnt sich auf jeden Fall.
Für den Anfang steigt man am besten nicht gleich ganz groß ein, sondern versucht es erst einmal mit einigen Setzlingen unter einer einzelnen, kleinen Leuchtstoffröhre. Wahrscheinlich ist das Ergebnis – schöne, kräftige Pflanzen – so befriedigend, daß man im Rahmen des zur Verfügung stehenden Platzes größere Beleuchtungsanlagen installieren möchte. Bei einer solchen Investition muß man auch berücksichtigen, daß man neben den Obst- und Gemüsepflanzen auch Zimmerpflanzen heranziehen kann (und das sollte man auch unbedingt tun, denn blühende Zimmerpflanzen können zusammen mit dem Grün der Nutzpflanzen zu sehr dekorativen Gruppen zusammengestellt werden, und viele gedeihen prächtig unter künstlichem Licht). Kein Wunder also, daß Kunstlicht bei Hobby-Hausgärtnern immer beliebter wird.
Aber auch dem besten Kunstlicht ist nicht alles möglich. Die sogenannten Wachstumslampen können als Hauptlichtquelle zum Beispiel keine Tomaten reifen lassen, denn sie setzen nicht annähernd soviel Energie frei wie die Sonne. Mit Erfolg kann dagegen Kunstlicht zur Aufzucht besonders kräftiger und gesunder Setzlinge eingesetzt werden, zur Beleuchtung von Blattgemüse, damit ein Kräutergarten besser gedeiht, oder um

anderen Pflanzen etwas zusätzliche Energie oder eine verlängerte Tageslichtzeit zu verschaffen.
Probleme kann aber auch der Hausgärtner haben, dem volles Sonnenlicht zur Verfügung steht. Auf einem Hof, einem Balkon oder an einem beliebigen Platz, wo die Reflektion durch Ziegel, Beton oder Asphalt große Hitze erzeugen kann, ist volle Sonne nicht unbedingt ein Segen für die Pflanzen. Es gibt Pflanzen für kühle Jahreszeiten, zum Beispiel Salat und Radieschen, die keine Hitze vertragen und unter solchen Bedingungen eingehen. Während der heißesten Sommertage muß man also seine Pflanzen vor der prallen Sonne schützen. Da gibt es die verschiedensten Möglichkeiten. Ein sehr guter Sonnenschutz ist ein alter oder billiger Sonnenschirm, aus dessen Stoff rundum 2 cm breite Streifen herausgeschnitten wurden. Dadurch wird er zu einer Art Jalousie, die den Pflanzen einen günstigen Halbschatten spendet. Man kann auch die Wärmereflektion verringern, indem man hinter und unter die Planzgefäße wärmeabsorbierendes Material legt. Für den Dachgarten kann man einen preiswerten Sonnenschutz aus Stroh- oder Schilfmatten, Markisenstoff, einem Stück Plexiglas oder Fiberglas konstruieren.
Pflanzen, die nur bei kühleren Temperaturen gedeihen, müssen ganz einfach schon so früh ausgesät werden, daß sie schon reif oder abgeerntet sind, ehe die sommerlichen Hundstage kommen. (In der Anbautabelle auf S. 120 sind die besten Anbauzeiten für verschiedene Gemüse angegeben.)

5. *Die richtige Ernährung*

Genau wie der Mensch brauchen auch die Pflanzen eine ausgewogene Ernährung, und jeder Gärtner stellt bald fest, daß sie recht gefräßig sind. Sie lassen sich gern füttern, ehe sie ganz ausgehungert sind. Auf der anderen Seite mögen sie es jedoch nicht, wenn sie überfüttert werden. Für ihre Gesundheit brauchen sie eine regelmäßige Versorgung mit den für sie lebenswichtigen Nährstoffen.

Die drei Hauptnahrungsmittel der Pflanzen sind Stickstoff, Phosphor und Kalium. Die auf den Düngerpackungen angegebenen Zahlen – ob nun 20 – 10 – 4, 4 – 10 – 6, 5 – 10 – 5 oder eine der vielen anderen Kombinationen – geben den prozentualen Anteil dieser drei Elemente in der Zusammensetzung des Düngers an. Dabei stehen die Zahlen immer in der gleichen Reihenfolge. Die erste Zahl gibt den Prozentsatz an Stickstoff an, die zweite den von Phosphor und die letzte den von Kalium.

Nun haben nicht alle Pflanzenarten den gleichen Appetit, sondern brauchen ganz unterschiedliche Mengen dieser Elemente. Auch bei der Einzelpflanze ändert sich der Bedarf entsprechend dem jeweiligen Wachstumsstadium. So nimmt man zum Beispiel an, daß Stickstoff für eine Pflanze besonders wichtig ist, solange sie schnell wächst und Blätter ausbildet. Wenn eine Pflanze blüht und Früchte trägt, braucht sie Phosphor. Kalium braucht sie zur Ausbildung kräftiger, gesunder Wurzeln.

Ganz allgemein gilt also, daß Blattgemüse – Salat, Spinat, Mangold – Stickstoff brauchen, um zarte, saftige Blätter zu bilden. Fruchttragende Gemüsepflanzen – Tomaten, Auberginen, Paprika – bevorzugen Phosphor. Wurzelgemüse – Radieschen, Möhren, Rüben – mögen Kalium.

Auch verschiedene Spurenelemente sind für die Ernährung der Pflanze wichtig. Eisen fehlt am häufigsten. Hin und wieder bemerkt man, daß Blätter gelb werden, die Blattadern aber grün bleiben. Meistens weist eine solche Erscheinung bei einer Pflanze auf Chlorose (Eisenmangel) hin. Durch zusätzliche Eisensulfat-Gaben kann der Schaden meistens behoben werden. Auf jeden Fall sollte man sich von dem ganzen Hokus-Pokus um die Mystik der Düngerwissenschaft nicht verrückt machen lassen – es ist halb so kompliziert, wie es den Anschein hat. Außerdem gibt es fast für alle Pflanzen fertig zusammengestellte Spezialdünger zu kaufen, auch in kleineren Abpackungen. Da ist zum Beispiel der Spezialdünger für Erdbeeren. Er ist reich an Hornmehl und auch für andere Beerensträucher geeignet, und dies steht auch auf der Packung. Wer nun nicht lauter Spezialdünger kaufen möchte, sondern nur eine Sorte, mit der er alle seine Pflanzen versorgen kann, sollte darauf achten, daß er einen Dünger mit einer im Verhältnis zu den anderen beiden Zahlen hohen Mittelzahl (für Phosphor) besorgt.

Fertigdünger gibt es schon in Kleinpackungen mit 0,5 kg oder

1 kg Inhalt. Manche Düngemittel müssen in Wasser aufgelöst werden (beispielsweise ein Teelöffel oder ein Eßlöffel auf vier Liter Wasser), bevor sie der Pflanze zugeführt werden. Solche in Wasser gelösten Nährstoffe werden von den Pflanzen sehr schnell aufgenommen. Andere Dünger gibt es in Tablettenoder Pillenform. Sie werden in einem gewissen Abstand neben der Pflanze in den Boden gedrückt und geben die Nährstoffe langsamer und über einen längeren Zeitraum hinweg ab (Langzeitdünger).
Setzlinge sollten direkt nach dem Umtopfen und dann in regelmäßigen Abständen Düngegaben bekommen. Es gibt keine bestimmten Richtlinien, wie oft und wieviel Dünger man den Pflanzen geben soll. Deshalb denken viele, sie kämen mit der Faustregel »wenn wenig gut ist, ist mehr besser« am weitesten. Das ist aber absolut falsch. Die Ergebnisse einer Stickstoffdüngung zum Beispiel kann man schon nach kurzer Zeit sehen. Das Blattwerk grünt und wächst schnell. Deshalb ist die Versuchung groß, der Pflanze mehr von diesem Wundermittel zu geben, als sie wirklich braucht oder verträgt. Aber ein Zuviel an Stickstoff fördert das Wachstum der Blätter auf Kosten der Blüten und Früchte. Ungewöhnlich dunkelgrüne, spröde Blätter und ein schwacher Stengel sind ein ziemlich sicheres Zeichen für eine Überdüngung mit Stickstoff. Am besten hält man sich genau an die auf den Packungen angebenen Empfehlungen. Die dort genannten Mengenverhältnisse wurden gewissenhaft erarbeitet, damit eine optimale Wirkung des Düngers gewährleistet ist.
Mit einem Mixer kann man einen ausgezeichneten Krafttrunk für die Pflanzen zubereiten. Man wirft dazu Gemüseabfälle, Salatblätter, Eierschalen und was man sonst an sauberen organischen Abfällen hat in den Mixer, gibt reichlich Wasser dazu und mixt alles zu einer dünnflüssigen Düngebrühe zusammen (die meisten dieser Kraftmischungen sehen scheußlich aus). Alle paar Wochen nimmt man dann statt normalem Gießwasser diese Kraftbrühe zum Gießen der Pflanzen. Einmal sind die

darin enthaltenen Minerale gut für die Pflanzen, und dann kann man sich zur eigenen Beruhigung sagen, daß man auch mit organischen Mitteln düngt und nicht ganz abhängig von chemischen Düngemitteln ist.
Wer auch nur die geringste Möglichkeit hat – ein winziges Fleckchen Erde oder sogar nur einen Blumenkasten am Fenster – sollte nicht darauf verzichten, die organischen Küchenabfälle für seine Pflanzen zu nutzen. Sobald nach der Ernte im Herbst Platz zur Verfügung steht, werden die anfallenden organischen Küchenabfälle kleingeschnitten. Dann wird in der Erde ein Loch ausgehoben, die Abfälle hineingeworfen, etwas Dünger dazugegeben und das Ganze wieder mit Erde abgedeckt und gut gewässert. Das nächste Mal wählt man eine andere Stelle, so daß schon vor den ersten Frösten eine gute Unterlage aus organischem Material geschaffen ist, die dann im nächsten Frühjahr umgegraben und mit der Erde vermischt wird.

6. *Die richtige Bewässerung*

Nicht aus Büchern, sondern durch eigene Erfahrung lernt auch der Anfänger schnell, wieviel Wasser seine Pflanzen brauchen. Er muß nur seine Augen benutzen (Sieht die Erde trocken aus? Sehen die Blätter welk aus?) und seinen Tastsinn (Fühlt sich die Erde trocken an? Fühlen sich die Blätter ausgetrocknet an?). Gemüsepflanzen trocknen in Töpfen durch Sonne und Wind schnell aus, und je kleiner der Topf ist, desto schneller wird die Erde trocken. Die Töpfe müssen unbedingt jeden Tag überprüft werden. Die Erde darf weder ständig naß noch völlig ausgetrocknet sein. Sie muß sich leicht feucht anfühlen. Durch ein bißchen Übung stellt sich hierfür bald das richtige »Gefühl« ein. Aber auch das Gewicht der Pflanzbehälter gibt Aufschluß über den Wassergehalt (sofern die Töpfe so klein sind, daß sie bequem hochgehoben werden können). Ist der Topf relativ leicht, braucht die Pflanze Wasser. Bei schweren Töpfen genügt ein leichtes Anklopfen mit dem Fingerknöchel. Wenn dabei ein hoher, schwingender Ton entsteht, muß gegossen werden, klingt es eher dumpf, hat das Gießen noch etwas Zeit. Im Freien stehende Pflanzen brauchen in der Regel täglich Wasser. Beim Gießen muß die Erde bis zum Topfboden durchfeuchtet werden, so daß das Wasser schließlich unten abläuft. Voraussetzung dafür ist natürlich eine gute Drainage (Drainageloch und eine Schicht Blähton, Kiesel oder Topfscherben). Auf keinen Fall darf überschüssiges Wasser im Wurzelbereich bleiben. Am besten steht der Topf in einem Untersetzer (aus Ton, Kunststoff oder Keramik, eine Untertasse oder ein Tortenblech). Nach 10 bis 15 Minuten wird dann das Wasser, das sich im Untersatz gesammelt hat, ausgeleert. Dadurch wird vermieden, daß die Pflanzen »nasse Füße« bekommen.

Größere Töpfe oder eine Gruppe kleiner Töpfe stehen am besten in einer flachen, mit Kieselsteinen gefüllten Schale. Bratpfannen eignen sich dafür gut (Gußpfannen sehen hübscher aus als glänzende Aluminiumpfannen). Das überschüssige Wasser läuft in die Kieselschicht, und der Wurzelballen im Topf bleibt über dem Wasserspiegel. Durch diese Methode wird in geschlossenen Räumen die Luftfeuchtigkeit verbessert, und das ist eine Wohltat für die Pflanzen, die meistens unter der zu trockenen Luft in der Wohnung leiden müssen.

In der Stadt gibt es aber noch ein weiteres Problem, und das sind die Ruß- und Staubteilchen, die sich aus der Luft auf den Pflanzen absetzen. Wenn diese nicht regelmäßig »abgestaubt« werden, sind ihre Poren bald verstopft. Am besten wird die Staubschicht mit einem trockenem Tuch vorsichtig abgewischt. Meistens ist diese Schmutzschicht ölig und schmiert, wenn das Tuch naß ist. Ein Übergießen mit Wasser ist wenig sinnvoll, da zu einer richtigen Säuberung sehr viel Wasser nötig ist, und es stellt sich dann die Frage, wie und wohin man diese Wassermengen schüttet.

Ist der Schmutz stark ölig und klebt auf den Blättern, können sie von Zeit zu Zeit auch mit einem warmen, leicht seifigen Tuch gereinigt werden. Anschließend wird die Seife mit einem feuchten Tuch abgewischt oder die ganze Pflanze unter die auf feinen Sprühregen eingestellte Dusche gehalten. Sehr vorteilhaft wäre natürlich ein Bewässerungssystem, das sich auch ohne weiteres einrichten läßt, wenn die Wasserhähne in Küche oder Bad nicht zu weit vom Standort der Pflanzen entfernt sind. Ein gewöhnlicher Gummischlauch wird über den Hahn gezogen, dann durch die Wohnung, unter Umständen sogar durch ein Fenster ins Freie auf die Terrasse bis zum Standplatz der Pflanzen verlegt und am Ende mit einem speziellen Duschkopf versehen. Solch ein transportables Bewässerungssystem erspart so manchen Gang mit der Gießkanne.
Das Besprühen der Blätter ist immer gut, sobald die Pflanzen Zeichen für mangelnde Luftfeuchtigkeit aufweisen, zum Beispiel gelbe oder abfallende Blätter. Kleine Sprühflaschen gibt es in Gartengeschäften und Warenhäusern. Hier und dort mag auch noch so ein kleiner elektrischer Luftbefeuchter aus dem Babyzimmer rumstehen, der immer dann mit einer Mentholläsung zum Einsatz kam, wenn das Baby erkältet war. Er leistet bei den Pflanzen sehr gute Dienste, darf aber natürlich nur mit reinem Wasser gefüllt werden.

7. *Die liebevolle Pflege*

All denen, die schon einmal Pflanzen aus Samen herangezogen haben, braucht man gewiß nicht zu sagen, daß in erster Linie die liebevolle Pflege der Schlüssel zum Erfolg ist. Für den Liebhabergärtner in der Stadt gilt dies in besonderem Maße. Damit ist natürlich nicht gemeint, daß er morgens um zwei auf Zehenspitzen ins Zimmer schleichen muß, um sich zu überzeugen, daß die Setzlinge noch am Leben sind, und das erste gelbe Blättchen sollte auch keine Panik auslösen, in der dann gleich fünf oder sechs Erste-Hilfe-Mittelchen verabreicht werden. Eine liebevolle Pflege bedeutet in erster Linie Zuverlässigkeit: es darf kein Tag vergehen, ohne daß sich der Pfleger von dem Wohlbefinden seiner Pflanzen überzeugt; niemals darf er das Gießen vergessen und die Versorgung mit Nahrung in Form von Düngemitteln, sobald seine Pfleglinge dies nötig haben;

dieser Rhythmus darf auch durch eine Reise nicht unterbrochen werden (selbst ein einziger heißer Sommertag kann sich für die Pflanzen auf dem Dachgarten oder dem sonnigen Balkon verheerend auswirken). Außerdem müssen die Pflanzen vor Wind oder Stürmen, vor Hagel oder zu starker Sonne geschützt werden, und wenn es nötig ist, sind die Blätter zu reinigen.

Die Verantwortung des Gärtners beginnt schon bei der Planung, wenn also noch gar kein Pflänzchen vorhanden ist. Die schönen Abbildungen und verlockenden Beschreibungen in den Katalogen sind so verführerisch, daß die beschränkten Platzverhältnisse gegen alle Vernunft vergessen werden. Tomaten, Pfeffer und Radieschen sind dann nicht mehr genug. Warum nicht auch einige Auberginen anbauen? Und diese Rüben sehen doch sehr robust aus. Ein paar zusätzliche Möhren beanspruchen doch so wenig Platz, und dort wird sogar Spinat angeboten, der an der senkrechten Wand wächst! Diese Euphorie erfaßt nahezu alle Hobby-Gärtner, sobald sie entdekken, daß sie außer Usambara-Veilchen auch Obst und Gemüse anpflanzen können, und ein solcher Enthusiasmus gehört auch unbedingt dazu. Entscheidend sind aber letztlich die realen Verhältnisse – der vorhandene Platz, das zur Verfügung stehende Licht und die Größe des Geldbeutels. So ist also schon beim Blättern im Katalog zu berechnen, wieviel Töpfe, wieviel Kilo (oder gar Tonnen) Erde für den geplanten Anbau gebraucht werden und wieviel Zeit die Pflege der Pflanzen in Anspruch nehmen wird.

Natürlich, sollte jeder nur denkbare und geeignete Platz genutzt werden, aber der Versuch, mehr zu produzieren als möglich ist und als gebraucht wird, geht meistens schief. Meistens hat man viel zu viel Sämlinge und möchte sie am liebsten alle großziehen. Rigoroses Ausdünnen ist jedoch viel besser, und wer es nicht übers Herz bringt, die kleinen Pflänzchen wegzuwerfen, kann sie immer noch weggeben – eine kleine Schale mit Setzlingen ist ein ausgefallenes, aber hübsches Geschenk.

Es ist auch eine große Versuchung, viele verschiedene Pflanzen im gleichen Jahr anzubauen. Dabei lohnen sich eine reich tragende Tomatenpflanze, eine schöne grüne Paprikapflanze und ein oder zwei Kästen mit frischem, grünem Salat und knackigen Radieschen mehr als zehn Töpfe mit diesem und jenem, alles in verschiedenen Stadien der Bleichsucht und ums Überleben kämpfend. Schließlich gibt es ja immer wieder einen nächsten Frühling.

Die Vernunft muß also Sieger bleiben – geplant wird groß, begonnen klein! Dabei kann im Laufe der Zeit alles ausprobiert werden, was man gerne mag. Es ist wohl das Schönste am Gartenbau-Hobby, daß hier jeder zum »Experten« werden kann, der genau weiß, wie lange eine Pflanze vom Samen bis auf den Eßtisch braucht.

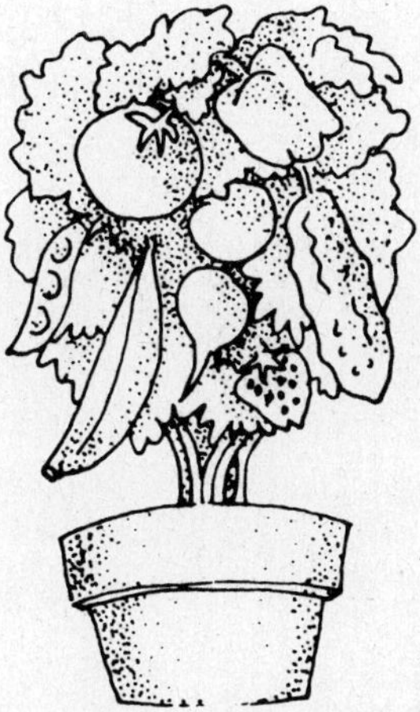

Welche Pflanzen eignen sich?

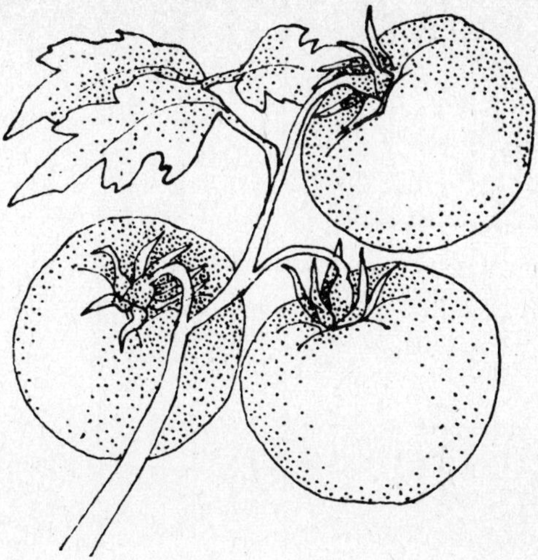

Tomaten

Von allen Pflanzen, die sich zum Anbau in Töpfen und Kübeln eignen, lohnen sich Tomaten am meisten. Gemessen an dem Platz, den sie beanspruchen, machen sie sich wirklich bezahlt – nicht nur wegen der Menge der produzierten Früchte (kontinuierlich über eine ganze Anbausaison hinweg), sondern auch wegen deren Qualität. Gegen diese sonnengereiften Tomaten erscheinen die auf dem Markt angebotenen beinah ungenießbar. Bis man seine erste selbstgezogene Tomate probiert hat, kann man sich diesen Unterschied gar nicht vorstellen.

Von den speziellen Tomatensorten, die sich für den Anbau in Töpfen eignen, werden selten Setzlinge angeboten, so daß man sich gewöhnlich eigene Pflanzen aus Samen heranziehen muß. Nach dem Studium der Gartenkataloge sollte das Saatgut so rechtzeitig bestellt werden, daß mindestens sechs bis acht Wochen vor dem zu erwartenden letzten Frost gesät wer-

den kann. (Auf manchen Samenpackungen ist angegeben, wann in welchen Gebieten ins Freie gepflanzt werden kann. Noch besser erkundigt man sich bei einem erfahrenen Gärtner oder auch bei der Stadtgärtnerei, wann mit den letzten Frösten zu rechnen ist.) Das Aussäen im Haus erfolgt dann acht Wochen vor diesem für den eignen Wohnort geltenden Termin. Die besten Ergebnisse bringt die Saat in einzelnen Torftöpfen, die dann später in die endgültigen Pflanzgefäße umgesetzt werden. Das sollte allerdings erst bei relativ warmem Wetter erfolgen. Wichtig ist, daß die Pflänzchen allmählich an ein Leben im Freien gewöhnt werden müssen. Dies ist besonders wichtig, wenn sie unter Kunstlicht herangezogen wurden.
In manchen Ländern werden heute schon Torfkissen angeboten, die geeignete Tomatensamen enthalten. Gewöhnlich werden diese vorbereiteten Torfkissen, die nur noch gewässert werden müssen, um zu Töpfen aufzuquellen (s. S. 36) zusammen mit Mini-Gewächshäusern aus Plastik geliefert. Für den Hobby-Gärtner in der Stadt sind diese Minigewächshäuser, in denen etwa sechs bis acht Quelltöpfe Platz haben, sehr praktisch, auch wenn er die Samen selbst in die Quelltöpfe einlegt und später einige Setzlinge an Freunde abgibt.
Die meisten Tomatenpflanzen brauchen eine Stütze, und dies gilt auch für Balkontomaten, wenn sie ausgewachsen sind und Früchte tragen. Der etwa 70 cm lange Stab wird schon beim Umpflanzen ca. 5 cm neben der Pflanze in die Erde gesteckt. Dieser Abstand ist wichtig, damit die Wurzeln der Pflanze nicht gestört oder gar beschädigt werden. Auch ein Holz- oder Eisengitter eignet sich als Stütze, und größere Pflanzen können sogar wie Spalierobst an einer senkrechten, ebenen Wand gezogen werden. Zum Festbinden der Stengel und Triebe an Stäben und Gittern eignen sich weiche Stoffstreifen oder alte Nylonstrümpfe am besten; dünne Schnüre oder Fäden schneiden in die Stengel ein.
Tomaten brauchen Wärme zum Wachsen und zur Produktion von Früchten. Sie lieben volle Sonne, brauchen aber Schutz vor

Wind und sengender Hitze. Alle Pflanzen in Töpfen brauchen viel Wasser, besonders wenn sie Früchte tragen.

Das gleichmäßige Wachstum ist die Garantie für einen üppigen Behang mit schmackhaften Früchten. Voraussetzung dafür ist eine ausgewogene Ernährung. Direkt nach dem Umpflanzen brauchen die Setzlinge Dünger, die nächste Gabe folgt drei Wochen später, und während die Pflanzen Früchte erzeugen, muß einmal in der Woche Dünger verabreicht werden. Es gibt Spezialdünger für Tomaten. Er enthält die richtige Menge Phosphor für die Fruchtbildung und nur wenig Stickstoff, durch den die Pflanzen hauptsächlich Blätter bilden würden.

Wind und Bienen sorgen bei Freilandtomaten für die Bestäubung. Auf dem Fensterbrett oder an einem anderen geschützten Platz stehende Tomaten müssen künstlich bestäubt werden, damit sie nicht nur schöne Blüten, sondern auch Früchte entwickeln. Damit sich die Pollen verteilen, schüttelt man die Pflanzen während der Zeit der Blüte einmal täglich leicht, und das eine ganze Zeit lang, denn jeden Tag öffnen sich neue Blüten.

Zum Abwurf der Blüten ohne Fruchtbildung können auch extreme Temperaturen führen, zum Beispiel Nachttemperaturen unter 13 ° oder über 20 ° C oder Tagestemperaturen über 35 ° C. Da hat nun die Topfkultur den Vorteil, daß die Pflanzen in kalten Nächten an einen geschützten Platz gebracht werden können. An heißen Tagen müssen sie vor der Sonne geschützt werden.

Auch mit bestimmten Hormon-Sprays kann man das Abwerfen der Blüten vor der Fruchtbildung verhüten. Die Sprühflaschen haben ganz feine Zerstäuber. Diese Mittel wirken aber nur bei Schäden, die durch kalte Nächte entstanden sind. Sie sind unwirksam, wenn der Blütenabwurf wegen zu großer Hitze erfolgt.

Wenn man Tomaten einfach wuchern läßt, hat man zum Schluß eine riesige Blattpflanze mit vielen kleinen, niemals reif werdenden Früchten. Der Schnitt ist also eine ganz wichtige Arbeit. Am Haupttrieb bilden sich in den Blattachsen sogenannte Geiztriebe, die herausgezwickt werden müssen. Um der Pflanze nicht zuviel Kraft wegzunehmen, sollten sie nie länger als 10 cm werden. Es gibt verschiedene Ansichten über den Schnitt der Tomaten. Manche lassen nur einen Haupttrieb stehen, andere belassen der Pflanze dazu noch ein oder zwei Seitentriebe. Einig ist man sich aber darin, daß eine Pflanze nicht mehr als sieben oder acht Blütentrauben ausbilden soll.

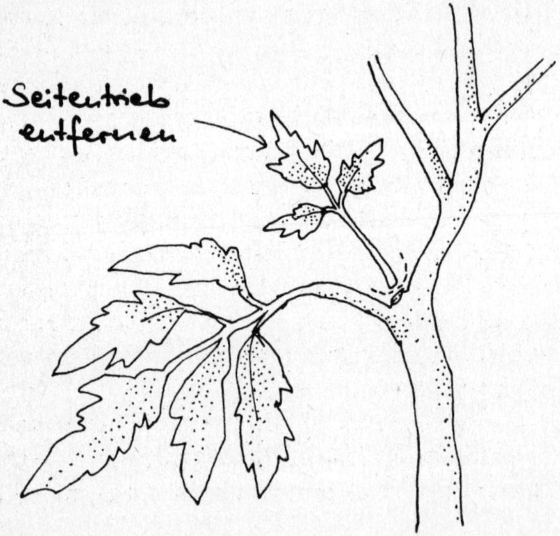

Für den Wuchs der Pflanze und das Schneiden ist auch ihr Standort von Bedeutung. Steht sie in praller Sonne auf einer Terrasse oder in einem Innenhof, wo die Wärmereflektion sehr hoch ist, sollte man ihr lieber mehr Blattwerk lassen (und nur die überzähligen Blütenstände entfernen), damit es den Boden und die Früchte beschattet. Bei wenig direkter Sonne verhilft ein rigoroses Auszwicken aller Seitentriebe der Pflanze zu mehr Licht. Die gleichen Überlegungen entscheiden auch, wie weit auseinander mehrere Töpfe mit Tomatenpflanzen gestellt werden müssen.

Je nach Sorte kann die erste Tomate etwa 50 bis 80 Tage nach der Saat geerntet werden. Bei richtiger Pflege (Licht, Wasser, Nährstoffe, Luft) bringt die Pflanze den ganzen Herbst über Früchte. Meistens sind noch grüne Tomaten an der Pflanze, wenn die ersten Frostnächte kommen. Dann stellt man sie ins Haus, und die Tomaten werden hier selbst dann noch reif, wenn die Pflanze schon ganz gelb aussieht und kaum noch Blätter hat.

Wenn sie aber schon so unansehnlich sind, daß sie wirklich keinen Schmuck für die Wohnung mehr darstellen, zieht man sie mitsamt dem Wurzelballen aus dem Topf und hängt sie mit der Spitze nach unten an einem kühlen Platz, wo sie nicht im Weg sind, über eine Leine. Die Früchte ernähren sich von der in der Pflanze gespeicherten Energie und Feuchtigkeit und werden reif. Da sie dazu nicht einmal Licht brauchen, eignet sich auch ein Kellerraum oder eine Vorratskammer, falls der Heizraum nicht direkt daneben liegt. Wer sich nicht an den erstaunten Blicken seiner Besucher stößt, kann sie selbstverständlich auch in der Wohnung aufhängen, wenn sich dort ein kühles Plätzchen findet.

Unter den speziell für die Topfkultur angebotenen Tomatensorten gibt es Züchtungen mit Miniaturfrüchten, Kirschtomaten, Busch- oder Stammtomaten, die nur mittelgroße Früchte bringen.

Lav Busk Sperling's Liebchen – Diese reichtragende Hybride entwickelt einen kurzen, kräftigen Stamm fast ohne Seitentriebe. Die festen, großen Früchte ähneln im Geschmack den Fleischtomaten, sind jedoch rund und nicht gekerbt und auch nicht ganz so groß. Von August bis Dezember liefert sie eine reiche Anzahl aromatischer Früchte. Eine Spezialzüchtung für die Topfkultur auf Balkon und Terrasse.

Heinemanns Jubiläum – Eine frühreifende Buschtomate mit sehr guten Erträgen. Sie wird etwa 40 – 50 cm hoch und

entwickelt vier bis fünf Seitentriebe. Die Pflanze ist widerstandsfähig und bringt leuchtend rote, feste Tomaten.
Maja – Eine robuste, kompakt wachsende Sorte ohne große Ansprüche. Die dunkelroten Früchte dieser Buschtomate reifen früh und haben ein kräftiges Aroma.
Rentita – Eine reichtragende, wohlschmeckende Buschtomate, die frühzeitig und gleichmäßig reift. Sie bringt glatte und runde Früchte. Bei dem strauchigen Wuchs dieser Tomate ist ein Ausbrechen der Seitentriebe und Hochbinden nicht nötig.
Tiny Tim Sperling's Mini Cocktailtomate – Diese Tomate gedeiht ausgezeichnet auch auf dem Fensterbrett. Sie wird nur etwa 30 cm hoch, braucht keinen Stab, und die Seitentriebe müssen nicht ausgebrochen werden. Sie bringt eine große Menge etwa kirschgroße, zuckersüße, fruchtig und sehr aromatisch schmeckende Früchte, die sich bestens für Salate und zum Dekorieren eignen.
Sweet 100 Fl Hybride – Eine Spaliertomate, die bis zu 150 bis 200 cm hoch werden kann. An langen Rispen trägt sie Hunderte von kleinen, etwa 3 cm im Durchmesser großen Tomaten, mit besonders süßem und aromatischen Geschmack. Sie muß nicht unbedingt volles Licht haben, denn die Früchte besitzen schon Geschmack, wenn den herkömmlichen Sorten noch das Aroma fehlt.

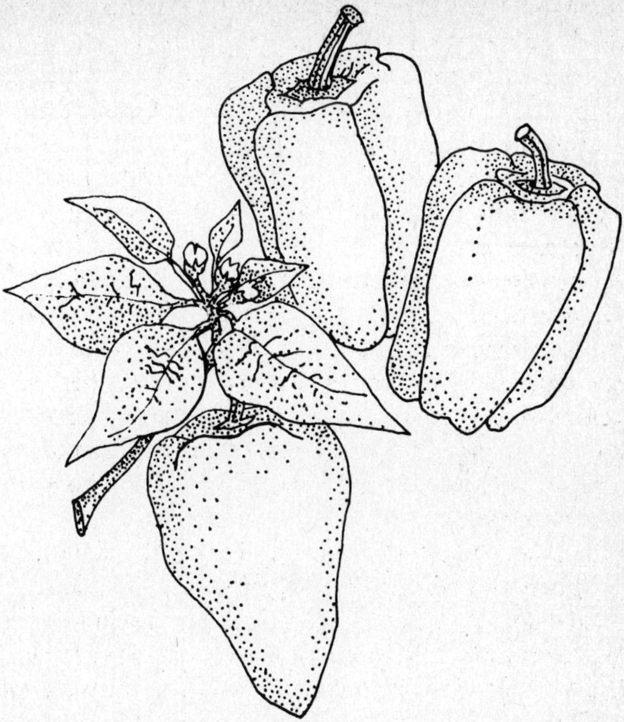

Grüner Paprika

Paprika gehört zu den attraktivsten Pflanzen, die ein Blumentopfgärtner anbauen kann. Die kräftigen, aufrecht wachsenden Pflanzen sind gleichmäßig gebaut und haben herrlich dunkelgrünes Blattwerk. Sie bringen einen gleichmäßigen Ertrag von wachsähnlichen, grünen Früchten, die sich leuchtend rot färben, wenn sie an der Pflanze bleiben. Den ganzen Sommer über bringen die Pflanzen Blüten hervor und tragen gleichzeitig Früchte in allen Reifestadien.

Die Aussaat erfolgt am besten in einzelnen Torftöpfen (wie auf S. 36 beschrieben), die nach etwa acht Wochen einfach in die endgültigen Pflanzgefäße umgesetzt werden. Paprika gedeiht bei einer langen, warmen Wachstumsperiode und braucht etwa die gleiche Pflege wie Tomaten und Auberginen. Überhaupt bilden diese drei Gewächse zusammen, also Paprika, Auberginen und Tomaten, einen ganz besonders dekorativen Blickfang, und ihr Anbau ist durchaus lohnend, weil man durch die reichen Erträge einiges an Haushaltsgeld sparen kann.

Je nach Sorte kann man schon etwa acht Wochen nach dem Umtopfen die ersten Paprikaschoten ernten. Als Salat- oder Fleischwürze müssen sie durchaus nicht ihre volle Größe haben. Natürlich läßt man auch welche hängen, die dann mit Fleischfüllung oder als Gemüse zubereitet durch ihren aromatischen Geschmack alle Mühe bezahlt machen. Der Ertrag wird übrigens größer, wenn den ganzen Sommer über regelmäßig gepflückt wird.

Genau wie Tomaten sollte man Paprika vor dem ersten Frost ins Haus bringen, wo sie an einem sonnigen Fensterplatz als Zimmerpflanze sehr hübsch wirken. Bis auf einige kleine Schoten reifen hier die Früchte noch voll aus. Manche Sorten können sogar zurückgeschnitten werden, damit sie buschig bleiben und bis zum nächsten Jahr überwintern.

Sweet Spanish – Budapest – Die kräftigen, stabilen Pflanzen werden nur etwa 50 cm hoch und brauchen in der Regel nicht einmal eine Stütze. Die Früchte sind spitz-kegelförmig, haben dicke Fruchtwände und reifen sehr gleichmäßig heran. Wenn sie an der Pflanze bleiben, färben sie sich leuchtend gelb. In geschützten Lagen kann diese schnellwüchsige Sorte auch noch im Hochsommer herangezogen werden.

Sperling's Merit – Eine frühreifende Paprikasorte, die sich in der Topfkultur besonders bewährt hat. Eine Pflanze bringt ca. 15 bis 20 ziemlich dickfleischige, mittelgroße Früchte von runder bis eckiger Form und mildem Geschmack. Die Töpfe dürfen nicht zu klein sein und sollten mindestens einen Durchmesser von 15 cm haben.

Frühzauber – Die kräftigen Pflanzen tragen glatte, kegelförmi-

ge und fleischige Früchte mit sehr aromatischem Geschmack. Sie stehen aufrecht und werden etwa 11 cm lang. In der Pflückreife sind sie mittelgrün und färben sich später leuchtend rot.
Gold Topas – Die Früchte dieser Neuzüchtung eignen sich besonders gut zum Füllen. Sie haben einen mild-würzigen, aber hervorragenden Geschmack und werden etwa 12 cm lang. Die dunkelgrüne Frucht kann schon früh geerntet werden, später färbt sie sich leuchtend orangegelb und ist dadurch ein sehr attraktiver Schmuck.
Pusztagold – Die Sorte hat einen mittelstarken Wuchs und ist dadurch recht standfest. Der mild-würzige Geschmack der blockigen, dreikantigen und bis zu 14 cm langen Frucht ist besonders angenehm für Gemüsegerichte. Die Frucht reift schnell und wird später, wenn sie an der Pflanze bleibt, leuchtend gelb.
Sperling's Peppi und *Westlandse lange rode* – Beides sind scharfe Gewürzpaprika mit einem reichen Ertrag an schönen langen, grünen Schoten, die später dunkelrot abreifen. Diese Paprikasorten mit ihren kleineren Früchten sind in einem Blumenfenster wirklich echte Zierpflanzen, die bald zum Blickfang werden.

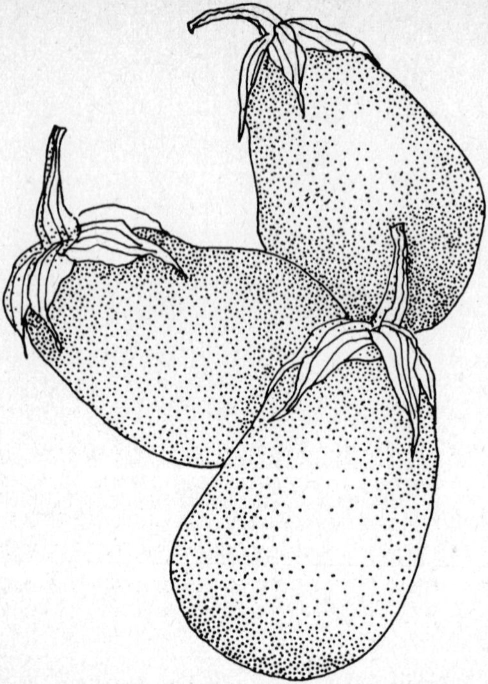

Auberginen

Das Anbauen von Auberginen ist eine wahre Freude, denn die Pflanze ist genauso schön wie die Früchte. Und die Anzucht ist nicht schwieriger, als die von Tomaten und Paprika. Die Pflanzen brauchen eine lange warme Periode zum Gedeihen und dürfen auf keinen Fall Frost ausgesetzt werden. Einige Gärtnereien bieten jetzt auch Auberginen-Setzlinge an, und zwar zur gleichen Zeit wie Tomaten- und Paprikapflanzen (April/Mai). Gewöhnlich reichen ein oder zwei Pflanzen, um den Bedarf an Auberginen zu decken.
Es heißt zwar häufig, daß Auberginensamen schlecht keimen und daß Probleme beim Umtopfen auftreten können. Wenn

man ihnen aber die gleichen Bedingungen schafft und die gleiche Pflege gibt wie Tomaten und Paprika, dürften eigentlich keine Probleme auftreten. Am besten sät man Auberginen acht bis neun Wochen vor dem Aussetzen ins Freie.
Je nach Sorte werden die Pflanzen zwischen 50 und 100 cm hoch, und die einzelnen Büsche können bis zu 90 cm Durchmesser haben. Ihre Form kann aber durch Zurückschneiden der Triebspitzen reguliert werden, so daß man entsprechend den Platzverhältnissen niedrige und buschige oder hohe Pflanzen heranzieht. Die Pflanze blüht wunderschön lavendelfarben. Bei der Topfkultur sollte man einige Blüten entfernen, damit die Pflanze nicht zu viele Früchte ausbildet. Die ersten Früchte zeigen sich etwa 75 Tage nach dem Umtopfen.
Die herrlich dunkelviolett glänzenden Früchte werden bis zu 25 cm lang. Sie schmecken aber besser, wenn man sie nicht ganz ausreifen läßt, sondern sie schon jung pflückt, solange sie noch ihren schmimmernden Glanz haben. Später werden sie zäh und bekommen einen etwas bitteren Geschmack. Regelmäßiges Ernten regt die Pflanze zur Produktion neuer Früchte an.
Negro, F_1-Hybride – Eine sehr frühe Spezialzucht mit kräfigem, etwa 50 cm hohem Wuchs und schmalen Blättern mit schwarzvioletten Blattstielen und Rippen. Die tiefdunkel-violettglänzenden Früchte werden ca. 20 cm lang, sind fast walzenförmig und von ausgezeichneter, gleichmäßiger Qualität.
Lange Violette – Vedette – Eine mittelhohe (80 bis 100 cm), aufrechte Pflanze mit mäßig starkem Wuchs. Eine sehr frühreifende Sorte. Die Früchte sind halblang, stumpf und dunkelviolett glänzend. Sie werden etwa 10 cm dick und können bis zu 25 cm lang werden.

Salat

Ganz Ungeduldige, die am liebsten sofort nach der Saat ernten möchten, sollten Salat anbauen. Von den drei Grundtypen Kopfsalat, Endivien und Blattsalat ist der Blattsalat am besten für die Topfkultur geeignet. Er hat eine wesentlich kürzere Wachstumsperiode als die kopfbildenen Salate (40 bis 50 Tage gegenüber 70 bis 80 Tagen) und ist einfacher anzubauen. Außerdem sind Blattsalate ausgesprochen hübsche Topfpflanzen mit wunderschönen Blättern in interessanten Formen und Strukturen.

Blattsalat – wieder unterteilt in Pflück- und Schnittsalat – muß nicht umgetopft werden. Er wird zu Beginn des Frühjahrs direkt in das endgültige Gefäß oder den endgültigen Standort

gesät. Leichter Frost verzögert wohl das Wachstum, schadet aber sonst den Pflanzen gewöhnlich nicht. Blattsalat ist gewissermaßen ein »Instant«-Gemüse. Schon nach etwa drei Wochen können die zu dicht stehenden Pflänzchen herausgezogen und zubereitet werden. Wenn nun mehrmals im Abstand von 10 Tagen neu gesät wurde, können diese zarten Pflänzchen wochenlang geerntet werden. Bei den ausgewachsenen Pflanzen schneidet oder pflückt man neben einigen Innenblättern hauptsächlich die Außenblätter. Das Aroma der frisch gepflückten Salatblätter ist einfach unvergleichlich.
Nach etwa zwei Monaten werden die Blätter hart, und die Pflanze bildet schnell Samen. Dann wird sie entweder ausgerissen und weggeworfen oder bis zu den ersten kühlen Herbsttagen gegossen und gepflegt, damit die Samen sich ausstreuen und neue zarte Salatblättchen heranwachsen. Beim Anbau von Salat darf niemals außer Acht gelassen werden, daß er überhaupt keine Hitze verträgt.
Pflücksalat Slobolt Sperling's Salli – Besonders zu empfehlen wegen der langen Erntezeit von Mai bis Anfang August. Von den aus gekrausten, knackigzarten Blättern gebildeten Rosetten werden zunächst die unteren Blätter nach Bedarf gepflückt. Das Herz bleibt stehen und liefert für immer neue Ernten weitere Salatblätter, sogar noch während des Schießens.
Brauner, amerikanischer Pflücksalat – Eine ergiebige Sorte mit hellgrünen, braunrot getupften, gewellten Blättern, die sehr zart und schmackhaft sind. Die Pflanzen sind nicht sehr empfindlich, aber die Blätter sollten früh gepflückt werden, denn sie werden verhältnismäßig schnell hart.
Kopfsalat Mona GS – Eine schnellwüchsige Frühsommerernte mit großen, festen und gut geschlossenen Köpfen.
Zichoriensalat Roter Veroneser – Eine italienische Salatspezialität (Radicchio), deren rote Köpfe einen echten Schmuck darstellen. Dieser Salat ist knusprig frisch und wird wie Endivien oder Chicoree zubereitet. Er wird erst im Herbst gesät und reift im Winter an einem geschützten, sonnigen Platz heran.

Gartenkresse – Sie wird zu Salat verarbeitet oder ist eine rezente Würze für Salate und Brotaufstriche. Die Aussaat erfolgt in ganz flachen Schalen mit nur wenig Torfmull oder Erde, die stets gut feucht gehalten werden müssen. Schon nach 14 Tagen kann die Kresse geschnitten werden, so daß bei einer regelmäßigen Folgesaat dieses würzige und gesunde Frischgemüse nie ausgeht. Kresse gedeiht überall: auf dem Fensterbrett in der Küche, im Schlafzimmer oder Büro. Es gibt auch fertige Pakkungen mit Schale, Torf und Samen, die nur noch gewässert werden müssen.

Spinat

Es spielt keine Rolle, ob man ein Spinat-Fan ist und ihn in jeder Form – roh oder gekocht – zu sich nimmt, oder ob man seinen Anblick auf dem Teller nicht ertragen kann: in einem Innenhof ist er auf jeden Fall mit seinen dunkelgrünen, unterschiedlich geformten Blättern ein echter Schmuck. Spinat ist ein Gemüse für kühle Jahreszeiten, wächst also am besten zeitig im Frühjahr oder im Spätsommer. In Gegenden mit besonders mildem Winterklima kann er sogar spät im Herbst gesät werden. Nach dem Überwintern gibt es dann eine sehr zeitige Frühjahrsernte.
Jede Pflanze benötigt einen Topf mit 20 bis 25 cm Durchmesser. Die Aussaat erfolgt im Haus in einzelne Torftöpfe, die später in die größeren Töpfe umgesetzt werden. Aber auch eine direkte Saat in die endgültigen Töpfe ist möglich.
Schnell herangewachsener Spinat schmeckt am besten, und ein Dünger mit hohem Stickstoffgehalt fördert das Wachstum entscheidend. Bei der Ernte pflückt man bei jeder Pflanze nur

ein paar Blätter, so daß sie wieder Platz und Luft hat und zum Ausbilden neuer Blätter angeregt wird.
Wie alle Blattgemüse braucht auch Spinat viel Wasser, und Hitze kann er überhaupt nicht vertragen (26 °C und darüber ist schon zuviel), und wer im Sommer Blattgemüse ernten möchte, sollte es lieber mit *Tampala* oder *Mangold* versuchen.
Mangold sieht genauso hübsch wie Spinat aus, ist aber nicht so empfindlich und verträgt noch Temperaturen, bei denen Spinat schon längst eingehen würde. Er hat lange gekräuselte Blätter auf schlanken weißen oder roten Stielen und wird genau wie Spinat geerntet. Wenn er genügend Wasser bekommt und immer nur die äußeren Blätter gepflückt werden, liefert er den ganzen Sommer über frisches Blattgemüse.
Tampala ist ein spinatähnliches Gemüse aus China. Manche Gärtner bauen es lieber als Spinat an, einmal wegen des Geschmacks, zum anderen aber auch, weil Tampala Hitze gut verträgt und den ganzen Sommer über wächst.
Estivato – Sehr spät schießende Sorte für den Sommeranbau. Die dunkelgrünen, großen, festen, fleischigen Blätter sind rund und leicht blasig.
Medania – Eine extrem schoßfeste dänische Originalzüchtung für den späten Frühjahrsanbau, Herbstkultur und zur Überwinterung. Die Sorte ist sehr ertragreich und bringt mittelgroße, etwas längliche, blasige, mittelgrüne Blätter, die halb aufrecht stehen und mittellang gestielt sind.
Sperling's Monnopa – Gesundheitsspinat mit besonders niedrigem Gehalt an Oxalsäure. Er bringt besonders hohe Erträge, weil keine frühschossenden männlichen Pflanzen dabei sind. Die Sorte eignet sich für den Frühsommer- und Herbstanbau zur Überwinterung.
Mangold Lukullus – Eine gelbgrüne, gesunde und starkwüchsige Sorte mit gekrausten Blättern, die große Erträge bringt.

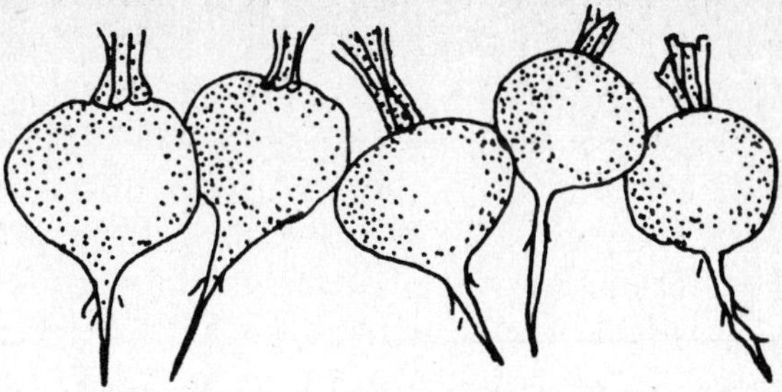

Radieschen und Rettiche

Der Anbau von Radieschen ist narrensicher, und sie können schnell geerntet werden. Die Samen werden direkt in den endgültigen Topf gelegt, nach dem Keimen werden die Pflänzchen gut gedüngt, damit sie schnell wachsen, und nach drei bis vier Wochen ist die erste Ernte fällig. Sie brauchen regelmäßig Wasser, damit sie zart und knackig werden. Die Samen dürfen nicht zu dicht liegen, und damit jedes Radieschen Platz für seine Entwicklung hat, werden die Pflänzchen auf mindestens 2 cm Abstand verzogen. Radieschen gedeihen gut in reiner Blumentopferde, denn sie ist leicht und locker, so daß sich die Wurzeln während des Wachsens beliebig ausdehnen können. Radieschen sind keine Pflanzen für die warme Jahreszeit, deshalb werden sie schon früh gesät, zumal ihnen leichter Frost nicht schadet.

Wer Platz für mehrere Töpfe hat, sollte sie nach und nach im Abstand von einer Woche mit Samen versehen, damit nicht alle Radieschen gleichzeitig geerntet werden müssen. Man sollte sie nämlich unbedingt zart und jung genießen – wenn sie zu lange stehen, werden sie holzig.

Auch in einem einzigen Topf kann man zwei Ernten heranziehen, und zwar durch eine Art »Aufforstung«, bei der jedes geerntete Radieschen durch einen neuen Samen ersetzt wird. Der Topf behält sein hübsches Aussehen, wenn die reifen Radieschen gleichmäßig verteilt ausgezogen werden. Das Blattgrün gleicht halb einer Rosette, halb einer Fontäne. Besonders attraktiv wirken Radieschen in einem großen Topf als Randbepflanzung rund um ein paar in der Mitte stehende Schalotten.
Hilmar – Ein leuchtend scharlachrotes, raschwüchsiges und platzfestes Radieschen mit festem weißem Fleisch. Diese Sorte verträgt Hitze nicht gut und sollte deshalb am besten im Frühjahr oder Herbst gezogen werden.
Stoplite – Diese amerikanische Züchtung hat eine scharlachrote Farbe und eine runde, etwas zugespitzte Form. Sie ist sehr schnellwüchsig und erlaubt deshalb ohne Schwierigkeiten einige Folgesaaten.
Rex GS – Ein kegelförmiger, halblanger bis langer weißer Rettich mit mildwürzigem Geschmack, der schon nach 45 Tagen geerntet werden kann. Die Blätter haben einen glatten Rand und stehen aufrecht, so daß sie auch sehr dekorativ wirken.

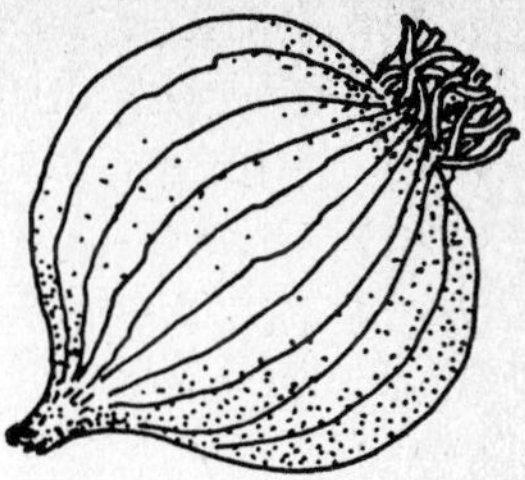

Zwiebeln

Die meisten Gärtner säen Zwiebeln nicht selbst, sondern ziehen sie aus Steckzwiebeln oder Jungpflanzen. Steckzwiebeln werden nach Gewicht verkauft, wobei etwa 75 bis 100 Stück ungefähr 500 Gramm wiegen und um DM 2,50 kosten. Die Jungpflanzen gibt es in Bündeln von 75 bis 100 Stück und sie kosten etwa das Gleiche. Bei einer Katalogbestellung kommen dann allerdings noch die Versandkosten dazu.
Bei Schalotten, das sind die klein bleibenden, festen Zwiebeln, die bei der Zucht aus Jungpflanzen schon nach drei Wochen geerntet werden können, sollte man eine weiße Sorte wählen. Bei der Anzucht aus Steckzwiebeln sind die ersten nach etwa fünf Wochen erntereif. Steckzwiebeln und Jungpflanzen werden im Abstand von 2,5 cm nicht zu tief (ca. 2,5 cm) gepflanzt. Bei der Ernte wird dann zunächst jede zweite Zwiebel ausgezogen. Die restlichen haben dann Platz genug, und ihre Zwiebeln werden größer.
Für die Anzucht von Schalotten aus Samen empfiehlt sich besonders die Lauchzwiebel *Evergreen Bunching*. Jeder Same treibt mehrere Stengel, es werden aber keine Zwiebeln ausgebildet, sondert der untere weiße Schaft der Stengel verdickt sich. Durch Anhäufeln von Erde kann man erreichen, daß diese Verdickung schön weiß bleibt. Etwa vier Monate nach der Saat haben diese Verdickungen Schalottengröße, können aber auch schon nach zwei Monaten zum Würzen benutzt werden.
Zwiebeln sind nicht frostempfindlich und können deshalb schon zeitig im Frühjahr gepflanzt werden. Sie lieben volle Sonne und brauchen für gewöhnlich keine Düngung.

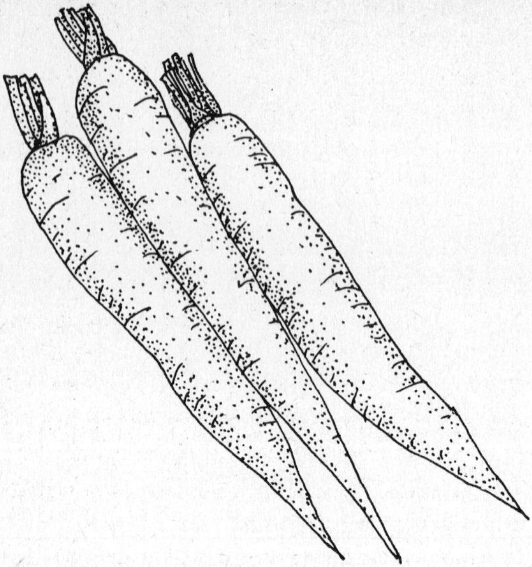

Möhren und Karotten

Viele Balkongärtner verzichten auf den Anbau von Möhren, weil man sie das ganze Jahr über kaufen kann. Vielleicht haben sie noch niemals eine ganz zarte, höchstens 5 bis 7 cm lange und 1 cm dicke, gerade aus dem Boden gezogene Möhre gekostet, sonst würden sie auf diese Delikatesse nicht verzichten. Der Anbau macht wirklich keine Schwierigkeiten, und durch ihr frischgrünes, zartgefiedertes Laub sind sie zusätzlich ausgesprochene Schmuckpflanzen.

Bei Möhren bewährt sich fertige Blumentopferde ganz besonders. In ihrer leichten, lockeren und klumpenfreien Struktur können die Wurzeln sehr schnell wachsen, und nur bei einer solchen schnellen Entwicklung werden sie süß und zart.

Die Möhrensamen werden direkt in den endgültigen Pflanzbehälter gesät. Das Gefäß muß in der Größe selbstverständlich zur gewählten Mörensorte passen. Je nach Sorte werden sie von 7,5 bis 15 cm lang und entsprechend hoch – mit noch einigen Zentimetern Spielraum – muß das Gefäß sein. Sonst weichen die Wurzeln am Gefäßboden seitwärts aus und wachsen ineinander, wodurch die Ernte einzelner Möhren fast unmöglich wird.

Man kann Mohrrüben sowohl im Frühjahr (auch noch bei recht warmen Temperaturen), wie auch im Herbst säen. Möhren haben eine ausgesprochen lange Keimzeit, die zwei bis drei Wochen dauern kann, und während dieser Zeit muß der Boden gut feucht sein. Nach der Aussaat in die feuchte Erde deckt man deshalb die Gefäße am besten mit Plastikfolie ab, die man nach dem Aufgehen wieder entfernt. Anschließend werden die Pflänzchen dann bei Bedarf mit einer Sprühflasche oder Gießkanne mit Sprühtülle gegossen.

Bei einer Höhe von 5 cm werden die Jungpflanzen auf ca. 2 cm Abstand ausgedünnt. Zu diesem Zeitpunkt ist auch eine Düngung angebracht, damit die Möhren schnell wachsen und dadurch zart und saftig werden. Nach weiteren vier Wochen haben sich die ersten kleinen Baby-Möhren gebildet, und wieder ist ein Ausdünnen nötig, diesmal auf 7,5 cm Abstand. Die ausgezogenen zarten Möhrchen schmecken herrlich. Während man diese erste Ernte genießt, verschafft man den restlichen Pflanzen genug Platz zum Heranwachsen. Die meisten Sorten brauchen etwa 65 bis 75 Tage, bis sie erntereif sind.

Pariser Markt – Diese runde, ganz zarte Karotte ist nach 75 Tagen erntereif und eignet sich vorzüglich für den Herbstanbau.

Amsterdamer Treib – Caramba – Eine Frühmöhre mit ziemlich kurzem Laub. Sie hat eine schlanke, zylindrische Form mit stumpfem Ende und wird etwa 8 bis 10 cm lang. Sie hat eine glatte Haut und ist bis ins Herz tief orangerot.

Nantaise, Stamm Tantal – Diese frühreifende Möhre wächst ganz in der Erde und hat deshalb keinen grünen Hals. Die Wurzel ist halblang, glatt, zylindrisch und vollkommen abgestumpft. Sie ist innen und außen intensiv rot gefärbt.

Juwarot – Eine Gesundheitsmöhre mit sehr hohem Karotingehalt und intensiver orangeroter Farbe. Die Rüben der mittelfrühen bis mittelspäten Sorte werden 15 bis 18 cm lang, haben breite Schultern und ein leicht abgestumpftes Ende. Der Balkongärtner wird die Möhren aber sicher schon bei einer Länge von 10 bis 12 cm ziehen und sie frisch und zart roh oder als Rohkostsalat genießen.

Sperling's Kundulus – Eine besonders wohlschmeckende, frühe, runde Karotte mit gleichmäßig tiefroter Farbe. Sie ist auch für die Sommeraussaat von Mitte Juni bis Anfang August geeignet.

Nantaise Sperling's Frühbund – Eine sehr frühe Zuckermöhre mit ausgezeichnetem Geschmack und früher, intensiver Durchfärbung. Eine hochwertige Züchtung mit halblanger, schlanker, gut abgestumpfter Form ohne grünen Kopf. Besonders für die Spätsaat im Juni oder Juli geeignet.

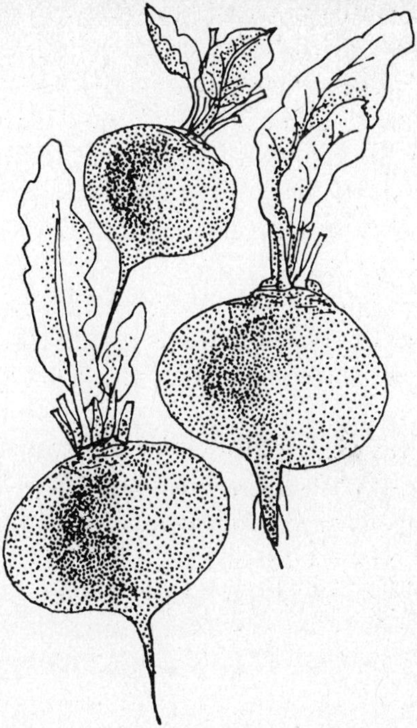

Rote Bete

Der Anbau von Rote Bete im Blumentopf lohnt sich schon deshalb, weil bei dieser Gemüsepflanze alles verwertet werden kann. Die dicke Wurzel ist herrlich süß, und die Blätter geben einen wohlschmeckenden Salat oder werden als delikates Blattgemüse serviert.

Die sogenannten Samen der Roten Bete sind in Wirklichkeit Fruchtkapseln mit mehreren Samen, und so entwickeln sich aus ihnen auch mehrere junge Pflanzen, die auf etwa 4 cm Abstand vereinzelt werden müssen, sobald sie 5 cm groß sind. Bei einer Größe von 20 cm wird nochmals jede zweite Pflanze ausgezogen, so daß sie anschließend im Abstand von 8 cm ste-

hen. Rote Bete schmecken jung und zart am besten und man erntet sie deshalb, wenn sie etwa 2 bis 4 cm Durchmesser haben.
Rote Bete gedeihen am besten bei kühler Witterung, die Saat empfiehlt sich also im zeitigen Frühjahr oder im Herbst. Beim Wachsen drücken sie die Erde oben weg, so daß manchmal die ganze Rübe freiliegt. Man deckt sie dann einfach mit etwas Erde wieder zu.
Die Pflanzen entwickeln sich in der handelsüblichen Blumentopferde gut, denn da die Setzlinge klein und schwach sind, ist die feinkrumige Struktur dieser Erdmischung günstig. Ein schwerer, klumpiger Boden kann die Entwicklung der Rübe beeinträchtigen.
Rote Kugel Sperling's Probat – Eine Spezialzucht zur frühen Aussaat mit hervorragender Innenqualität: saftig, dunkelrot und frei von weißen Ringen. Die Rüben sind von Anfang an rund und glatt, so daß sie als »Baby-Beets« dicht gesät und bereits nach 6 bis 7 Wochen geerntet werden können. Diese zarten Rübchen sind eine echte Delikatesse.
Rote Kugel – Little Ball – Detroit – Die kugelrunde Rübe hat eine glatte Haut und feine Wurzeln. Sie wird etwa 5 bis 6 cm im Durchmesser groß. Das Fleisch ist dunkelrot ohne weiße Ringe. Sie wächst sehr schnell, so daß für die Herbsternte eine Aussaat bis Ende Juli ausreicht.
Juwakugel – Die kugelrunden, dunkelroten Rüben sind in Größe und Form außergewöhnlich gleichmäßig. Die Wurzeln sind sehr fein und deutlich abgesetzt. Das Laub hat eine hübsche Färbung und wird nur mittelhoch.

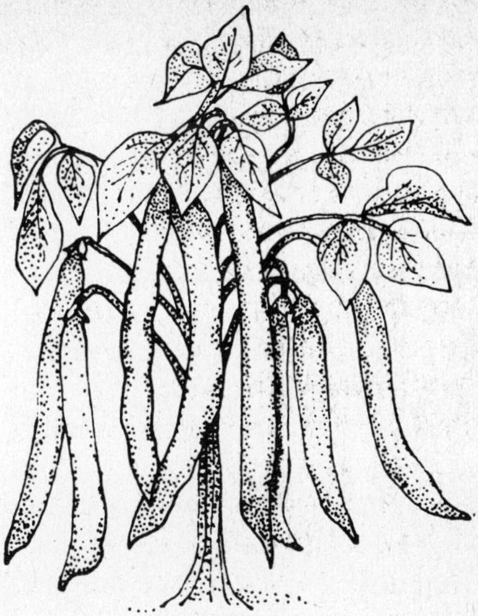

Buschbohnen

Für den Anbau in Blumentöpfen eignen sich Buschbohnen am besten, ganz gleich, ob es sich dabei um Brech-, Schnitt- oder Wachsbohnen handelt. Stangenbohnen sind zwar ertragreicher, sehen aber lange nicht so hübsch aus. Die in einer Reihe gepflanzten niederen Buschbohnen bilden eine Art »eßbare Hecke«, und einzeln wirken sie in einem Innenhof wie Miniatur-Sträucher. Je nach Sorte sind ausgewachsene Pflanzen zwischen 30 und 60 cm hoch.

Wer es sich vom Platz her leisten kann, sollte unbedingt mehrere Töpfe mit Buschbohnen heranziehen, und zwar nicht nur wegen der Schmuckwirkung, sondern weil acht bis zehn Bohnenbüsche eine zwei- bis dreiköpfige Familie über mehrere Wochen hinweg mit frischen grünen Bohnen versorgen. Die meisten Sorten erlauben fünf bis sechs Ernten in einer Saison. Die grünen Bohnen dürfen nicht zu lange am Busch hängen und werden gepflückt, ehe die Samen in den Schoten anschwellen. Frühes Ernten gewährleistet nicht nur ein gutes Aroma, sondern steigert auch den Ertrag.

Es gibt heute auch bei uns Lima- und Sojabohnenzüchtungen, die dem hiesigen Klima angepaßt sind, aber sie haben eine verhältnismäßig lange Wachstumsperiode und sind deshalb für die Topfkultur etwas problematisch. Wenn man ihnen nicht sehr gute Bedingungen bieten kann, sollte man lieber bei den schnellwüchsigen Wachs- und Brechbohnen bleiben.

Bohnen brauchen Wärme und vertragen keinen Frost. Wenn die Töpfe im Freien stehen, dürfen die Bohnen nicht vor dem endgültig letzten Frost gesteckt werden. Damit sie besser und schneller keimen, legt man die Samen für eine Nacht in lauwarmes Wasser, ehe man sie direkt an den endgültigen Standort nicht sehr tief in die Erde legt. Bei der Aussaat in Kästen oder größeren Schalen sind die auf der Packung angegebenen Abstände einzuhalten.

Grüne Buschbohnen

Sperling's Dufrix – Eine besonders frühe Sorte mit hohem Frühertrag. Die Bohnen sind mittellang, fleischig und fadenfrei.

Flairco – Ein mittelhoher Rundbusch mit dunkelgrünem Laub und weißen Blüten. Die Hülsen sind rundoval und fleischig und werden 13 bis 14 cm lang. Sie haben keine Fäden. Bei dieser besonders frühen Sorte kann schon nach 72 Tagen geerntet werden.

Fabiola – Grünhülsige, fadenlose Brechbohne mit fast geraden, 15 bis 17 cm langen Hülsen und weißem Korn. Es sind kräftige Hochbüsche mit einer dichten, gesunden Belaubung. Etwa nach 80 Tagen kann mit dem Pflücken begonnen werden.

Wachsbohnen

Findor – Eine frühe Wachsbohne mit länglichem, schwarzem Korn und violetter Blüte, wodurch sie sehr dekorativ wirkt.

Auch die goldgelben und absolut fadenfreien, bis zu 17 cm langen zarten Hülsen wirken als Schmuck. Reifezeit etwa 70 Tage.
Rocbrun – Ein nicht zu hoher Rundbusch, der weiße Blüten entwickelt. Die Hülsen werden 10 bis 12 cm lang, sie sind leicht gekrümmt und leuchten goldgelb. Reifezeit etwa 70 Tage.

Stangenbohnen

Blauhilde – Eine hochrankende Bohne mit langen, runden, dickfleischigen, tiefblauen Hülsen, die beim Kochen grün werden und selbstverständlich keine Fäden haben. Diese Sorte bringt reiche Erträge, ist nicht anspruchsvoll und recht widerstandsfähig.
Prunk- und Feuerbohne Preisgewinner – Eine sehr hochwachsende Rankbohne mit langen, breiten, flachen Hülsen, die jedoch nicht fadenfrei sind. Diese Schmuckpflanze ist auch als »Rotblühende Woll- oder Fleischbohne« bekannt. Das Korn ist violett mit schwarzer Marmorierung. Die Pflanzen sind sehr widerstandsfähig.

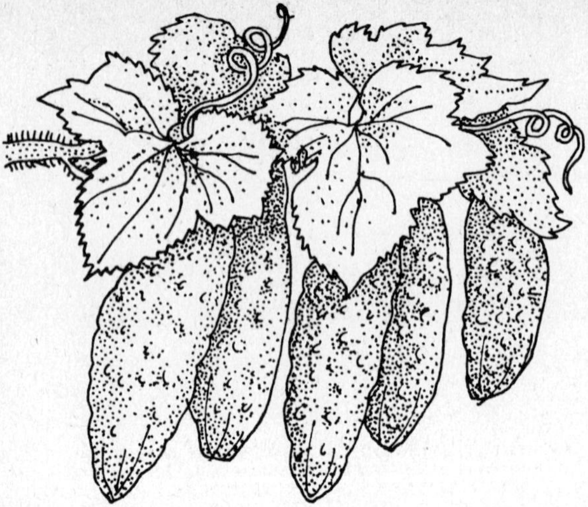

Gurken

So manchen mutigen Anfänger packt die Furcht, wenn er die zarten, gebrechlichen Setzlinge behandeln soll. An den robusten, kräftigen und wuchsfreudigen Gurkenpflänzchen wird er aber seine helle Freude haben. Sobald sie aus der Erde hervorschauen, sind Gurkenpflanzen außerordentlich lebenshungrig. Die Gurken werden zu Beginn des Frühjahrs im Haus in Torftöpfen ausgesät und erst dann in die endgültigen Pflanzgefäße im Freien versetzt, wenn absolut keine Frostgefahr mehr besteht. Sie können aber auch im Haus gleich in die endgültigen Töpfe gesät werden. Die Ansaat in einzelnen kleinen Torftöpfen ermöglicht lediglich die Aufzucht von mehr Pflanzen auf kleinerem Raum.

Bei der Saat in die endgültigen Gefäße werden die Samen in »Häufchen« oder »Gruppen« ausgebracht. Sechs bis acht Samen in der Mitte eines großen Gefäßes (später auf drei oder vier Pflanzen vereinzelt) bringen eine Fülle von Ranken und Früchten hervor.

Wenn man den langen Trieben keine Rankhilfe bietet, hängen sie über den Gefäßrand herunter und werden dadurch leicht beschädigt. Hier kann man sich mit einem im oder neben dem Gefäß befestigtem Stück Maschendraht helfen, wenn man den Topf nicht vor ein Gitter oder Spalier stellen kann. Die Ranken müssen schon vor dem Ausbilden der Früchte angebunden, man sagt auch »erzogen« werden. Später besteht die Gefahr, daß die heranwachsenden Gurken zuviel Sonne abbekommen und deshalb einschrumpeln und absterben.
Bei einer natürlichen Entwicklung suchen die Gurken den schützenden Schatten der Blätter. Beim Erziehen läßt man den Mitteltrieb bis oben an den Zaun, das Gitter oder das Spalier wachsen. Dann wird er abgezwickt, damit sich Seitentriebe bilden, die dann ebenfalls an der Rankhilfe befestigt werden.
Gurken eignen sich auch zur Bepflanzung von Blumenampeln. Hier können die Ranken herabhängen oder an einem nahen Spalier befestigt werden. Die Triebe benutzen aber alles, was sie erreichen können, als Rankhilfe, also auch in der Nähe stehende andere Pflanzen, so daß man ihnen lieber eine gespannte Schnur als Rankobjekt anbieten sollte. Von der Aussaat bis zur Reife der Gurken vergehen zwischen 55 und 70 Tage, das hängt einmal von der Sorte ab, aber auch davon, in welchem Reifestadium man sie am liebsten hat. Wer kleine, süß eingelegte Gurken bevorzugt, kann schon nach 40 Tagen ernten. Für Salat oder als Beigabe zu belegten Broten bleiben sie einfach so lange an der Pflanze hängen, bis sie die richtige Größe haben. Bis zum ersten Frost produzieren die Pflanzen fleißig immer neue Gurken. Nur bei sehr großer Hitze bringen sie weniger und manchmal auch gar keine Früchte hervor.
Kosura 100 % F_1-Hybride – Diese besonders für den Anbau in Kästen geeignete Neuzüchtung blüht reinweiblich, so daß jede Blüte auch ohne Bienenbestäubung eine Frucht entwickelt. An einem geschützten, halbschattigen Platz auf dem Balkon produziert sie zahlreiche Früchte, lange, dunkelgrüne schwere und bitterfreie Früchte ohne Hals. Wichtig ist, daß die Pflanzen bei

der Keimung und Jungpflanzenzucht viel Wärme brauchen, die niemals unter 22 °C absinken darf. Später macht der ausgewachsenen Pflanze eine nächtliche Abkühlung nicht mehr viel aus.

Sonja F_1-Hybride – Eine Spezialzüchtung für die Verwendung als Einleggurke. Die Pflanze blüht überwiegend weiblich und ist deshalb besonders ertragreich. Nahezu in jeder Blattachse bilden sich wohlgeformte, weichbehaarte, bitterfreie Gurken, und je regelmäßiger sie geerntet werden, desto mehr wachsen nach.

Marex F_1-Hybride – Die Blüten der Pflanze mit mittelstarkem Wuchs sind halbweiblich. Die langen dunkelgrünen Salatgurken haben eine glatte Oberfläche und ein winziges Kerngehäuse und reifen schnell heran.

Moneta – Eine mittelfrühe Salatgurke mit hohen Erträgen. Die Früchte sind dunkelgrün, lang und schlank, haben eine glatte Schale und ein sehr kleines Kerngehäuse.

Sprint F_1-Hybride – Eine 100 % weiblich blühende Freiland-Salatgurke mit einem sehr gesunden Wuchs. Die Früchte sind dunkelgrün und werden 20 bis 25 cm lang. Bei dieser Sorte gibt es frühe Ernten, und wenn die Gurken ohne Störung heranreifen, sind sie absolut bitterfrei.

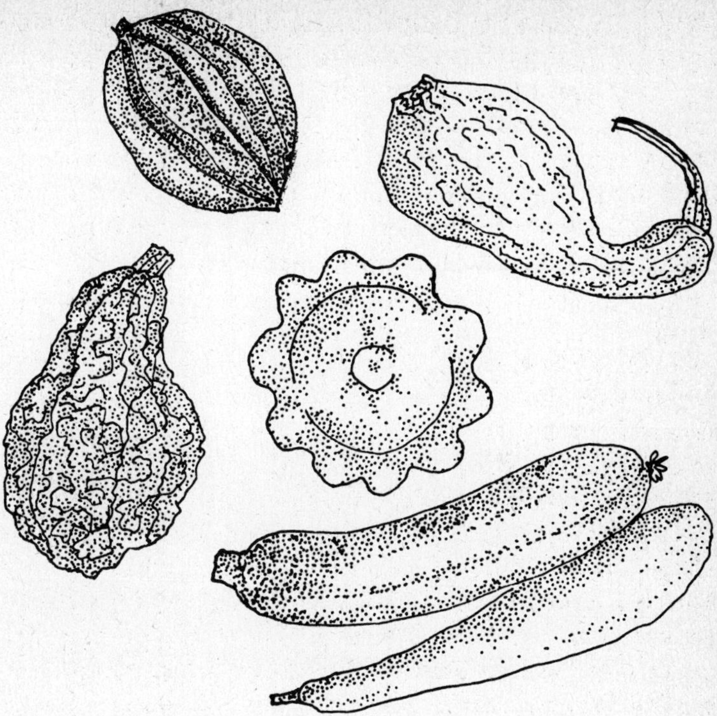

Speisekürbis – Zucchini – Melone

Wie ihre Verwandten, die Gurken, bringen auch die Zucchinis eine große Menge Früchte hervor, aber an buschigen, kompakten Pflanzen, die auch für ganz ungeduldige Gärtner sehr schnell wachsen. Besonders während der Reifezeit geht die Entwicklung so schnell, daß man wirklich auf Draht sein muß: Schon in wenigen Tagen sind die Früchte über das beste Erntestadium hinausgewachsen.

Die Früchte dürfen nicht bis zur Vollreife hängen bleiben, sondern werden schon geerntet, wenn sie erst die halbe Größe erreicht haben. Natürlich möchte jeder Gärtner mit der Menge, der Größe und Qualität seiner Erzeugnisse ein wenig angeben, und so kann man dafür ein paar Zucchinis hängen lassen. Aber zum Verzehr erntet man sie am besten jung – sobald sich die Schale ohne viel Druck mit dem Fingernagel ritzen läßt. Außerdem führt das regelmäßige Ernten zur Ausbildung neuer Früchte.
Erntezeit ist, wenn die Zucchinis etwa 5 cm lang sind und einen Durchmesser von 1,5 cm haben. Gewürfelt und in Butter geschwenkt sind sie eine wahre Delikatesse. Mit 7,5 bis 12,5 cm Länge werden sie am besten gebacken und noch größere, aber nicht überreife Früchte kann man gut in Scheiben schneiden und braten.
Auch Kürbisse gehören zu den Gurkengewächsen und sind in Anbau und Kultur ganz ähnlich. Die Samen können im Frühjahr in einzelne Torftöpfe gelegt werden, oder die Saat wird nach dem letzten Frost direkt in den endgültigen Gefäßen im Freien vorgenommen. Bei der Aussaat im Freien werden fünf oder sechs Samen an eine Stelle gelegt und die Setzlinge später auf vier kräftige Pflanzen vereinzelt. Bei 10 cm Größe bekommen sie eine Flüssig-Düngung.
Kürbisse brauchen einen möglichst großen Pflanzbehälter, zum Beispiel einen Weidenkorb oder einen Waschzuber. Kürbisse brauchen sehr viel Sonne, und der Pflanzkübel sollte nach Möglichkeit immer in der Sonne stehen. Die Wurzeln müssen ständig feucht gehalten werden – dabei bewährt sich eine Mulchdecke aus Torfmoos, Torf oder auch Zeitungspapierschnitzeln.
Rankende Kürbissorten können einen Balkon völlig überwuchern, wenn sie nicht eingedämmt werden. Deshalb schneidet man sie besser auf eine angemessene Größe zurück und verzichtet auf ein paar Kürbisse, um Platz für andere Pflanzen und für sich selbst zu schaffen.

Kürbisse werden im Herbst reif und in der Regel wird empfohlen, sie bis zur vollen Reife an der Pflanze zu lassen, weil sie dann längere Zeit lagerfähig sind. Aber auch schon vorher schmecken sie recht gut, wenn auch anders als in ganz reifem Zustand.

Balkons, Terrassen und Innenhöfe mit ihrer meist sonnigen und geschützten Lage bieten nahezu ideale Bedingungen für den Anbau von Melonen, die noch mehr Wärme als Kürbisse und Zucchinis brauchen. Anzucht und Pflege ist jedoch gleich. Auch bei ihnen ist regelmäßiges Gießen sehr wichtig.

Zucchini Ambassador, Hybride – Eine extrem frühe Sorte, die über einen langen Zeitraum hinweg außergewöhnlich hohe Erträge bringt. Die kompakten Büsche bringen eine Fülle dunkelgrüner, glatter und ca. 17 bis 20 cm langer Früchte mit weißem Fruchtfleisch, das einen vorzüglichen Geschmack hat.

Proktor, F_1-Hybride – Eine neue Zucchini-Züchtung mit auffallend gleichmäßigem, sehr frühem und außerordentlich hohem Ertrag. Die Sorte bildet niedrige, rankenlose Büsche und bringt feste, zylindrische, leicht keulenförmige Früchte von dunkelgrüner Farbe mit leicht hellerer Punktierung.

Diamant Sperling's Dessert F_1-Hybride – Diese buschige Zucchini wirkt mit ihren großen, gefleckten, geteilten Blättern und riesigen goldgelben Blüten wie eine Zierpflanze, erbringt aber dazu noch bei laufender Ernte eine Fülle lang-zylindrischer Früchte. Sie werden jung geerntet und sollten nicht länger als 20 bis 25 cm werden.

Cocozelle von Tripolis – eine bewährte, buschig und ohne Ranken wachsende Zucchini-Sorte, die lange, dunkelgrüne Früchte produziert.

Squash – Patisonkürbis, Scallapini – Sperling's Ufo – Diese Kürbisart ist besonders reizvoll wegen ihres zarten, feinen Aromas und wegen der auffallenden Form der Früchte, die »fliegenden Untertassen« ähneln. Die Pflanze wächst buschförmig und braucht nur wenig Platz. Mit einem Durchmesser von ca. 10 cm werden die Früchte geerntet. In Scheiben geschnitten, paniert und in Öl gebacken, mit Salz oder Zucker serviert, schmecken sie besonders delikat.

Vegetable Spaghetti (Spaghetti-Kürbis) Sperling's Bologneser – Eine ursprünglich aus Japan stammende Spezialität. Die Pflanzen wachsen üppig und entwickeln an langen Ranken viele zartgelbe Früchte, deren Inneres bei entsprechender Reife spaghettiähnliche Fäden enthält, die wie echte Spaghetti mit Tomatensoße und Fleich zubereitet werden können.

Riesen-Zentner – Eine altbekannte Kürbissorte, die viel Platz beansprucht und riesige, gelbe Früchte mit einem Durchmesser von 30 bis 50 cm hervorbringt. Das Fleisch ist goldgelb und bestens zum Einlegen oder zum Strecken von Marmelade geeignet. An einem frostfreien, aber kühlen und luftigen Platz halten sich diese Kürbisse in Netzen aufgehängt bis ins neue Jahr hinein.

Vegetable-Marrow – Eine englische Kürbissorte, die bei uns bestens gedeiht, aber wie der Riesen-Zentner-Kürbis sehr viel Platz braucht. Diese Sorten sind sich überhaupt sehr ähnlich, nur daß hier die Früchte lang und walzenförmig sind.

Wassermelone Sperling's Sweety F_1-Hybride – Bei einer Aussaat Ende April in Torftöpfen und einem Auspflanzen Ende Mai oder Anfang Juni kann man ab August saftige, frische, in der Reife zuckersüße Wassermelonen ernten. Die Früchte sind mittelgroß und erscheinen reichlich. Die Pflanzen wachsen üppig und brauchen viel Wasser.

Zuckermelone Maja F_1-Hybride – Eine robuste Sorte mit kräftigem, gesunden Wuchs und hohen Erträgen. Die hellgrünen, glatten Früchte werden bis zu 1 kg schwer, und das orangefarbene, saftige Fleisch hat eine herrliche Süße und ein vorzügliches Aroma. Wie alle Melonen braucht auch diese Sorte sehr viel Wärme zum Reifen.

Zuckermelone Sperling's Honigtopf F_1-Hybride – Eine gesunde, sehr reichtragende Hybride, die zahlreiche mittelgroße Früchte ansetzt. Komplizierte Schnittmethoden sind bei dieser Sorte nicht erforderlich. Für ein gutes Gedeihen darf auch der

Boden nicht zu kalt sein. Dies ist besonders wichtig beim Umtopfen ins Freie, damit die Pflanzen keinen Kälteschock erleiden.

Freilandmelone Goldzucker – In warmen, geschützten Lagen entwickelt diese Sorte bis zu 1,5 kg schwere, grünlich genetzte Früchte mit goldgelbem, saftig und zuckersüß schmeckenden Fruchtfleisch.

Kräuter

Feinschmecker entdecken wieder die alten guten Küchenkräuter als Würze, aber auch als Gesundheitskost. Dabei zeigt sich, daß ihr Aroma am besten ist, wenn Blätter oder Stengel im richtigen Augenblick frisch geerntet werden. In vielen Ländern gibt es deshalb heute schon »Do-it-yourself-Packungen«, die den Kräuteranbau auf Fensterbrett und Balkon, in Küche oder am Blumenfenster geradezu zum Kinderspiel machen. Diese Fertigpackungen enthalten eine Anzahl Töpfe, fertige Erdmischungen und verschiedene Zusammenstellungen von Kräutersamen. Es gibt diese Packungen nicht nur in Gartengeschäften und Samenhandlungen, sondern auch in Warenhäusern und Spezialitäten-Geschäften, sogar in Geschenk-Boutiquen. Eine typische Packung enthält 24 Torftöpfe, Blumenerde und eine Auswahl an folgenden Samen: Basilikum, Schnittlauch, Dill, Majoran, Oregano, Petersilie, Salbei und Thymian. Der

Anbau all dieser Kräuter bereitet keinerlei Schwierigkeiten, und diese Fertigpackungen sind eine bequeme und praktische Einführung für den Anfänger.

Die oben genannten Kräuter und noch viele weitere gibt es aber in den Samenhandlungen und Gartenfachgeschäften auch in einzelnen Samenpackungen (Petersilie wird in Katalogen häufig unter Gemüse aufgeführt). Ein großer Teil dieser Kräuter ist ausdauernd, das heißt: sie treiben immer wieder neu aus der gleichen Wurzel aus oder erneuern sich durch Selbstaussaat. An diesen Kräutern hat man lange Zeit seine Freude. Fast alle diese Kräuter lassen sich auch trocknen. Sie werden dann in gut schließenden Gläsern möglichst im Dunkeln aufbewahrt.

Anfänger, die keine Fertigpackung benutzen möchten, sollten es zunächst einmal mit drei einfach zu ziehenden Kräutern versuchen: Dill, Bohnenkraut und Borretsch. Sie keimen schnell und können gleich im endgültigen Topf ausgesät werden – aber sehr dünn. Nach dem Aufgehen werden überzählige Pflänzchen einfach direkt über der Erde abgezwickt. Bei Petersilie lohnt sich ein vierundzwanzigstündiges Einweichen der Samen in lauwarmem Wasser vor dem Säen, damit sie schneller aufgehen. Bei Schnittlauch verzichtet man am besten auf die Anzucht aus Samen und kauft ihn gleich fertig eingetopft und ziemlich preiswert in einem Supermarkt.

Aber nicht nur für den Koch oder die Küche sind Kräuter nützlich und reizvoll. Auch als Duft- und Schmuckpflanzen rechtfertigen sie das bißchen Platz, das sie beanspruchen. Ganz besonders liebliches Aroma haben die Minzearten, von der Pfefferminze bis zur Apfelminze oder der Zitronenmelisse.

Ein sogenannter »Erdbeerkrug«, in dessen »Taschen« verschiedene Kräuter wachsen, wäre zum Beispiel ein interessanter Blickfang für drinnen und draußen. Die meisten Kräuter lieben Sonne und gedeihen deshalb an einem Süd- oder Westfenster besonders gut. Wenn die Kräuter ihren Standort unbedingt direkt in der Küche haben sollen, wo diese Voraussetzungen nicht gegeben sind, rentiert sich die Installation einiger Leuchtstoffröhren etwa 30 cm über dem Kräutergärtlein. Spezialisten bauen sogar vorgefertigte Kleingewächshäuser mit Beleuchtung und Bewässerung, die mit dem Spülbecken verbunden ist, direkt in die Küchenzeile ein, – so wie andere Leute sich ein Aquarium oder Terrarium leisten –, damit sie ihre würzigen Kräutlein beim Zubereiten der Speisen immer gleich zur Hand haben.

Citrusgewächse

Ein Citrusbäumchen bietet dem Hobbyzüchter zwei Dinge gleichzeitig – eine Zimmerpflanze und eßbare Früchte. Orangen, Zitronen und Limonen lohnen den Versuch. Das herrliche Blattwerk, die farbenfrohen und schmackhaften Früchte und die einfache Pflege bewirken, daß die Citrusbäumchen bald nicht mehr wegzudenkende Lieblinge sind.
Im Prinzip können Citrusgewächse aus den Samen gekaufter Früchte herangezogen werden. Anfänger haben jedoch oft Schwierigkeiten, diese Samen zum Keimen zu bringen. Und wenn sie tatsächlich aufgehen, blühen die Pflanzen nicht.

Wenn sie blühen, setzen sie nicht immer Früchte an, und selbst wenn sie Früchte tragen, gleichen diese durchaus nicht der Frucht, von der die Samen stammen. Es ist deshalb günstiger, Citrusbäumchen im Gartenfachgeschäft zu kaufen oder nach einem Katalog zu bestellen. Sie sind nicht sehr teuer: einjährige Pflanzen kosten zwischen 5 und 10 Mark, zweijährige (tragfähige) zwischen 10 und 15 Mark. Die einjährigen Pflanzen sind etwa 30 cm hoch, zweijährige ca. 60 cm. Sie können 180 bis 240 cm hoch werden, man hält sie aber durch Zurückschneiden bei 90 bis 120 cm. Nach einer Eingewöhnungszeit bringen sie fast das ganze Jahr über gleichzeitig Blüten und Früchte in verschiedene Stadien und dies über Jahre hinweg.
Citrusbäume können mit großem Erfolg im Haus gezogen werden, bei mildem Wetter scheinen sie aber einen Standort im Freien zu bevorzugen und sind dadurch im Sommer eine Zierde für Balkon, Terrasse oder Innenhof. Sobald also überhaupt keine Gefahr mehr für überraschende Kälteeinbrüche besteht, können sie ohne weiteres ins Freie gebracht werden. Dabei bewährt sich ein langsames Abhärten ohne drastische Temperaturänderungen oder zuviel direkte Sonne. So wartet man mit dem Hinausbringen, bis die Außentemperatur etwa der gewohnten Zimmertemperatur entspricht. Am besten bekommen ihnen drinnen wie draußen Temperaturen zwischen 15 und 21 °C. Zur Gewöhnung läßt man sie ein paar Stunden draußen und bringt sie dann wieder herein, ehe es zu heiß oder zu kalt für sie wird. Auch an die Sonne müssen sie sich erst gewöhnen und brauchen deshalb zunächst Schutz vor direkter Bestrahlung.
Wenn Citrusbäumchen das ganze Jahr im Haus bleiben, räumt man ihnen einen sonnigen Platz am Fenster ein. Jede Woche wird das Bäumchen etwas gedreht, damit es von allen Seiten Sonne bekommt. Das fördert das gleichmäßige Wachstum, aber auch das Ausbilden von Blüten und Früchten. In der Nähe des Ofens oder der Heizung sollen diese Bäumchen möglichst nicht stehen.

Citrusgewächse brauchen viel Wasser und während der Zeit der Fruchtausbildung ca. alle drei bis vier Wochen eine Düngegabe, also fast das ganze Jahr über, da sie fast immer Früchte ausbilden. Einmal im Monat brauchen sie eine Messerspitze Eisensulfat. Zu einem guten Gedeihen trägt auch eine relativ hohe Luftfeuchtigkeit bei. Schäden durch die meistens zu trokkene, warme Zimmerluft lassen sich vermeiden, wenn man die Kübel mit den Pflanzen in mit Kiesel gefüllte Untersetzer stellt und diese immer gut naß hält. Mehrere Pflanzen werden am besten unter den gleichen Bedingungen zu einer Gruppe zusammengestellt, so daß die Verdunstungsfläche größer und dadurch die Luftfeuchtigkeit höher wird.

Ein regelmäßiges Bad tut den Pflanzen gut. Man wischt dabei mit einem warmen, feuchten, leicht seifigen Tuch die Blätter auf der Ober- und Unterseite vorsichtig ab. Das befreit die Blätter nicht nur von dem Staub, der ihre Atmung behindert, sondern schützt sie auch vor Schildläusen (einer häufigen Plage bei Citrusbäumen) und anderen Schadinsekten. Das Abbrausen der Pflanzen unter der Dusche darf nur mit ganz feinem Sprühstrahl geschehen, damit die Erde nicht ausgeschwemmt wird. Bevor die Pflanze wieder in direkte Sonne kommt, müssen die Blätter trocken sein.

Noch etwas zu den Schildläusen: Zunächst entdeckt man in der Regel eine klebrige Masse auf den Blättern. Wenn man daraufhin die Blattunterseite genau betrachtet, entdeckt man einen oder mehrere winzige, runde, hellbraune »Flecken«. Das sind die Schildläuse! Man muß aber wirklich genau hinsehen, denn wenn die Läuse an der Mittelrippe des Blattes sitzen, sieht man sie kaum.

Mit der Dusche kann man Schildläuse nicht beseitigen, sie müssen von jedem Blatt mit einem warmen, seifigen Tuch abgelöst werden. Das nimmt zwar einige Zeit in Anspruch, aber der Aufwand lohnt sich, denn die Pflanzen bleiben gesund, und im allgemeinen braucht der Prozeß nicht wiederholt werden, es reicht dann das gewohnte Bad.

In den Katalogen der Baumschulen und Gartencenter finden sich immer häufiger Angebote der Citrusbäumchen. Hier einige nicht sehr viel Platz beanspruchende Sorten, die sich für die Zimmerkultur eignen:

Calamondin Orange – Dieses Bäumchen wächst säulenförmig in die Höhe und bringt Blüten und Früchte im Überfluß hervor, oft in verschiedenen Reifestadien zur gleichen Zeit. Die Blätter sind klein und wächsern und die Früchte erreichen einen Durchmesser von 2,5 bis 4 cm.

Tahiti Orange – Ein Zwergbäumchen mit Miniatur-Früchten (2,5 bis 5 cm Durchmesser), und zarten, glänzend grünen Blättern.

Ponderosa-Zitrone – Die Blätter sind größer und heller als die der Calamondin Orange. Die Früchte haben Originalgröße, und eine Zitrone hat oft einen Durchmesser von 8 bis 10 cm. Die Blüten sind klein, wachsig und trompetenförmig und in stark duftenden Büscheln angeordnet.

Persische Limone – Das Blattwerk ist ähnlich wie bei der Ponderosa-Zitrone, die Früchte sind originalgroß und leuchtend grün.

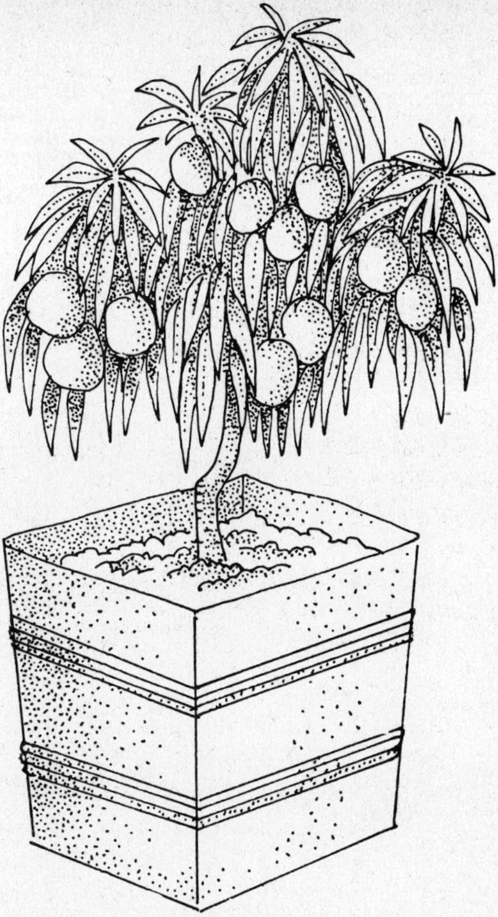

Pfirsiche und Nektarinen

Durch neu entwickelte Zwergformen wird es möglich, auch in der Stadt Pfirsiche und Nektarinen selbst zu ernten. Diese Zwergbäume werden höchstens 150 cm hoch und sind hübsche Ziergehölze. Die Früchte haben aber durchaus Original-

größe, und diese Bäumchen tragen gewöhnlich so reichlich, daß man den halben Sommer über frisches Obst hat.
Pflanzzeit für die Bäumchen ist das Frühjahr. Bei rechtzeitiger Bestellung treffen sie Ende Februar/Anfang März ein, und zwar gewöhnlich ohne Topfballen, aber mit genauer Pflanzanweisung. Trotzdem kann es nicht schaden, wenn vor dem Pflanzen noch einmal in diesem Buch das Kapitel über Topfwahl und Topfdrainage durchgesehen wird. Als Erde eignet sich eine Mischung aus einem Teil Gartenerde und einem Teil Torf. Der frisch eingetopfte Baum wird zunächst in den Schatten gestellt und dann allmählich an volle Sonne gewöhnt. Eine Mulchdecke (eine Schutzschicht auf der Erdoberfläche) bewahrt den Boden vor Austrocknung.
Als Laubbäume werfen Pfirsiche und Nektarinen jeden Herbst die Blätter ab und legen eine Ruheperiode bis zum nächsten Frühjahr ein. Diese Ruhepause brauchen sie unbedingt, wenn sie Früchte hervorbringen sollen. In Gegenden mit sehr mildem Winterklima kann es geschehen, daß die Bäume keine Ruheperiode einlegen und deshalb dann auch keine Früchte tragen. Es wäre also ganz falsch, diese Laubbäumchen im Herbst ins Haus zu holen.
In Gebieten mit kalten Wintern muß so ein Bäumchen bei länger anhaltenden Kälteperioden mit Temperaturen unter dem Gefrierpunkt allerdings geschützt werden. Bei Kübelpflanzen neben der Wurzel auch die Baumkrone. Idealen Schutz bietet ein großer Karton, wie er zum Transport eines Kühlschranks, Fernsehers und dergleichen benutzt wird. Die meisten Geschäfte sind froh, wenn sie diese sperrigen Kartons loswerden. Unter und um den Kübel legt man Zeitungspapier in dicken Lagen, bindet es mit einer Schnur fest und stülpt den Karton einfach über die Krone des Baums.
Nach den ersten kalten Tagen, aber bevor der lange harte Winter beginnt, wird das Bäumchen noch ein letztes Mal kräftig gegosssen. Dann setzt man es dem ersten Frost aus, wobei nur der Kübel durch das Zeitungspapier geschützt ist (das man

unter Umständen mit einer Plastikfolie vor Nässe schützt). Anschließend wird das Bäumchen dann an einen geschützten Platz gebracht (zum Beispiel in eine Balkonecke), der Karton wird darübergestülpt, und dann wird es bis zum Frühjahr nicht mehr gegossen. Wasser wird erst wieder gegeben, wenn der Boden auftaut, aber auch dann sollte man wegen der späten Frühjahrsfröste den Schutz noch nicht ganz entfernen.

Pfirsiche

South Haven – Ein nicht zu empfindlicher Pfirsichbusch, der durch Rückschnitt in der gewünschten Größe gehalten werden kann. Gelbe, rot überhauchte Früchte.

Roi de soleil – Sonnenkönig – Eine Neuzüchtung aus Frankreich mit blutrotem, feinem Laubwerk, das ansich schon Schmuck ist. Die gelbroten Früchte mit gelbem Fruchtfleisch sind saftig und haben ein weinartiges Aroma.

Dixired – Eine altbewährte Pfirsichsorte in Buschform, die klein erzogen werden kann und reichen Ertrag liefert.

Nektarinen

Nectared Nr. 6 – Eine frostharte Züchtung. Die Frucht ist rundlich, dunkelrot auf orange und wird etwa 160 g schwer. Der Kern löst sich gut vom Fleisch.

Grimson Gold – Die normal bis zu 3 m hoch werdenden Büsche können durch entsprechenden Schnitt jederzeit klein gehalten werden. Wichtig ist gute Düngung und rechtzeitiges Umtopfen in größere Pflanzkübel. Das Fleisch der Früchte ist saftig und löst sich leicht vom Kern.

Äpfel – Birnen – Kirschen

Es gibt heute eine ganze Reihe heimischer Obstbäume, die speziell für den Anbau in Kübeln gezüchtet wurden. Durch Aufpfropfen auf eine schwachwachsende Unterlage behalten sie eine Zwergform, bringen aber trotzdem Früchte in normaler Größe hervor. Sie haben keine so lange Lebensdauer wie normale Obstbäume, bringen aber doch sehr bald und über Jahre hinweg reiche Erträge, gemessen an ihrer Größe und ihrem Platzbedarf. Außerdem sind sie Schmuckstücke für jede Terrasse und jeden Innenhof.
Diese Zwergformen unserer Obstbäume sind empfindlicher als ihre größeren Brüder und sollten deshalb im Winter entweder in einen kühlen, möglichst etwas feuchten Raum gestellt werden oder durch eine Mulchdecke und Strohmatten vor den ärgsten Witterungseinflüssen geschützt werden.

Damit man die Bäume nicht jedes Jahr umtopfen muß, wählt man gleich von Anfang an einen möglichst großen Pflanzkübel. Trotzdem ist es gut, wenn außer der regelmäßigen Düngung auch von Zeit zu Zeit im Herbst ein Teil der Erde erneuert wird.
Gewöhnlich sind alle für die Kübelkultur entwickelten Apfelsorten Selbstbefruchter. Trotzdem ist es ratsam, während der Blütezeit zum Anlocken von Bienen Schüsselchen mit Zuckerwasser aufzustellen, wenn man die Blüten nicht mit einem feinen Pinsel selbst bestäuben will.

Äpfel

Wellspur Delicious – Das buschige, gut verzweigte Bäumchen wird nur etwa 1 m hoch und trägt schon im ersten Jahr Ende September bis Anfang Oktober. Diese Sorte ist nicht selbstbefruchtend. Pollenträger ist Cox-s Orange Pippin.
Golden Deliciousspur – Eine Zwergform wie Wellspur, bei der ebenfalls Cox-s Orange Pippin Pollenträger ist.
Golden Delicious + Roter Jonathan – Zwei Apfelsorten auf einem Bäumchen, das höchstens 250 cm hoch wird. Der große Vorteil dieser Neuzüchtung liegt darin, daß sich die beiden Apfelsorten gegenseitig befruchten, also kein Pollenträger nötig ist.

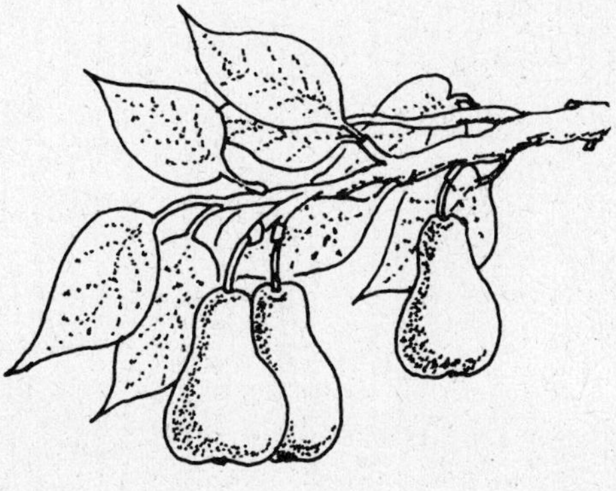

Birnen

Super Comice Delbias – Diese Spalier-Birne wird nur 150 bis 200 cm hoch. Die Früchte dieser für ihr Aroma bekannten Sorte reifen im Oktober/November. Die Bäumchen tragen üppig und sind selbstfruchtbar.

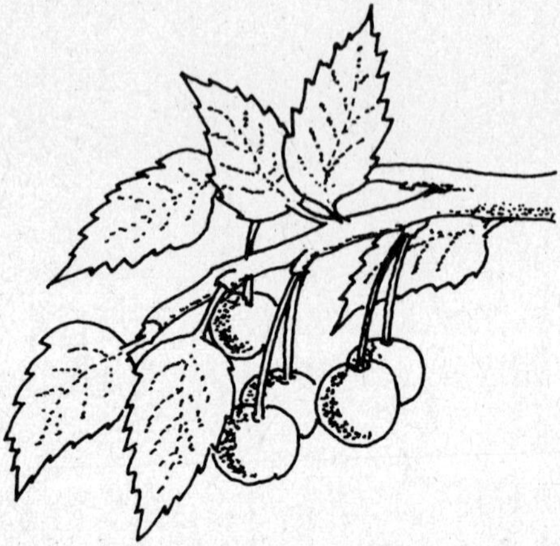

Kirschen

Schattenmorellen – Minibäumchen dieser Sorte werden nur 150 cm hoch und bringen im August eine Fülle dunkelroter, aromatischer Früchte.

Erdbeeren

Erdbeeren sind für den Balkongärtner ganz besonders interessant, und zwar nicht nur wegen der Ernte, sondern auch wegen der verschiedenen Pflanzmöglichkeiten. Der Anbau von Erdbeeren ist wirklich ganz leicht, und sie brauchen auch kaum Pflege. Die Schwierigkeiten liegen eigentlich mehr bei der Pflanzenwahl und der Entscheidung für eins der vielen neuen Pflanzgefäße.

Es gibt zwei ganz verschiedene Erdbeerarten, und beide eignen sich für den Anbau in Töpfen: die immertragenden Sorten tragen schon im Herbst des Pflanzjahres und bringen weitere Ernten im Frühjahr und Herbst des folgenden Jahres; die Juni-Erdbeeren tragen erst im nächsten Jahr, dann bringen sie allerdings meistens eine größere Ernte. Die meisten Balkongärtner entscheiden sich für die immertragenden Sorten, weil sie dann zwar etwas weniger ernten, aber nicht so lange auf die erste Erdbeere warten müssen. Wie die Wahl aber auch ausfällt: gepflanzt wird immer im Frühjahr, sobald die Pflanzen von den

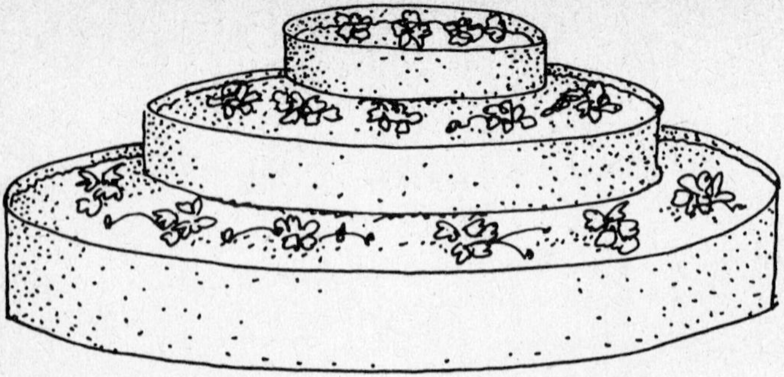

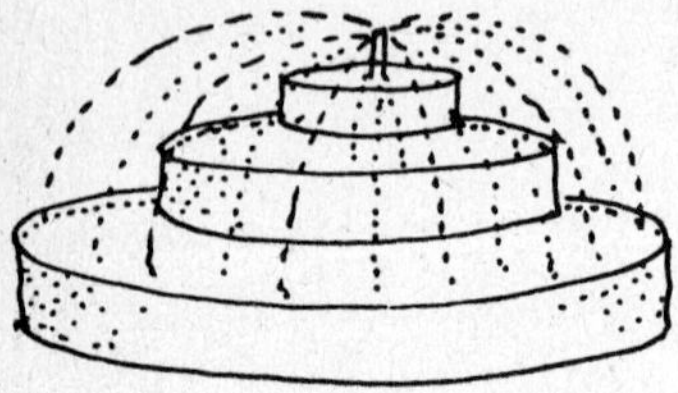

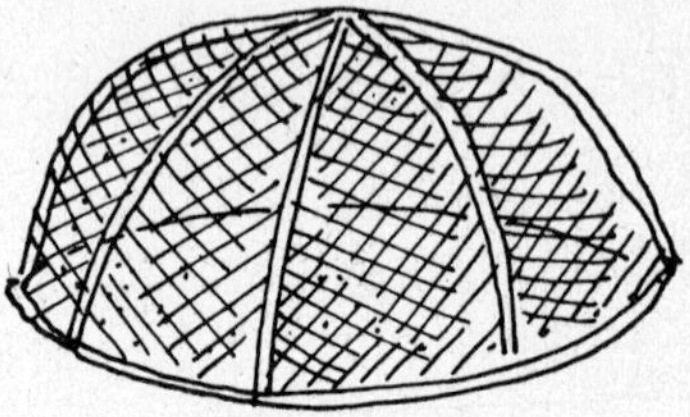

Versandfirmen geliefert werden oder im örtlichen Handel und in den Gärtnereien zum Verkauf stehen.
Es gibt die verschiedensten Pflanzgefäße, die extra dafür entwickelt wurden, daß mehrere Erdbeerpflanzen auf engstem Raum angebaut werden können. Sehr dekorativ ist die sogenannte Erdbeerpyramide. Sie besteht aus drei etwa 12,5 cm hohen Ringen verschiedener Größe, die aus Kunststoff oder verzinktem Blech sein können und pyramidenförmig übereinander gestellt werden.
Vor dem Bepflanzen füllt man den ersten Ring mit Erde, setzt den zweiten Ring in der Mitte darauf und füllt ihn ebenfalls, ehe man den dritten Ring aufsetzt und mit Erde füllt. Bei einem Durchmesser von 180 cm kann ein derartiges Pflanzgefäß bis zu 50 Erdbeerpflanzen aufnehmen. Für solche Pyramidenbeete gibt es noch alle möglichen Zusatzgeräte zum Bewässern und Besprühen, zum Abdecken gegen Frost und Schutz vor Vögeln.

Noch weniger Platz braucht ein sogenannter Pflanzenturm. Er besteht aus mehreren Pflanzschalen, deren Form ein Stapeln gestattet. Es gibt dazu sogar einen fahrbaren Untersatz, so daß man den reizend aussehenden Turm leicht an den günstigsten Platz schieben kann. Angeboten werden auch etwa 70 cm hohe Pflanzbäume aus schlagfestem Polystyrol. Sie haben 14 Pflanzöffnungen und eignen sich sehr gut für Erdbeeren, aber auch

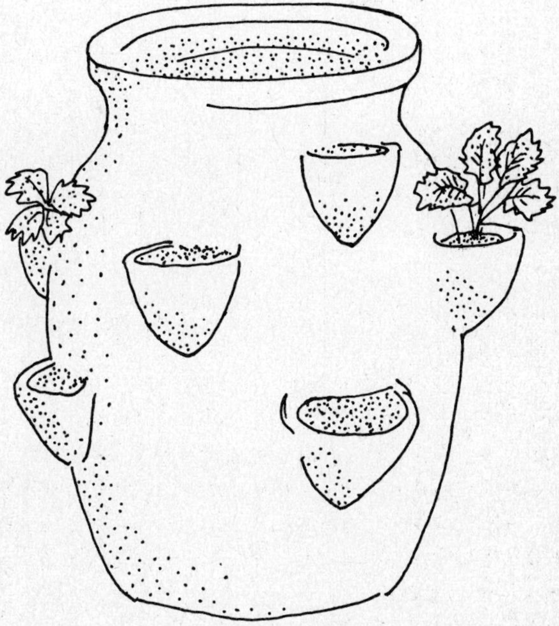

für Kräuter und Gemüse. Besonders dekorativ wirken sogenannte »Erdbeerkrüge« auf Terrassen und in Innenhöfen. Hierbei handelt es sich um Keramik- oder Tonkrüge mit Öffnungen (Taschen) an den Seiten, in die die Erdbeerpflanzen, Kräuter oder auch Sukkulenten eingesetzt werden. Man bekommt sie im Fachgeschäft oder Warenhaus.

Glücklich ist zu preisen, wer ein echtes, altes Holzfaß auftreibt, denn das ist überall ein ganz besonderer Blickfang. In die Faßwand werden in versetzten Reihen im Abstand von 20 cm etwa 2,5 cm große Löcher gebohrt. Wenn man selbst keinen Bohrer hat, muß man das Faß zu einem Schreiner transportieren, der die Arbeit in wenigen Minuten erledigen kann. Dann wird das vorbereitete Faß direkt an den endgültigen Standort gestellt, weil es sich gefüllt nur noch schwer bewegen läßt.
Auf den Faßboden kommt als Drainage eine etwa 5 cm dicke Kieselschicht. Dann stellt man in die Mitte des Fasses eine Papprolle, ein Rohr oder einen aus festem Kunststoff gerollten Zylinder, der mindestens 5 cm Durchmesser haben sollte. Dieses Rohr wird mit Kieseln gefüllt und festgehalten, solange man rundum die beste Blumenerde, die man hat, in das Faß füllt. Sobald die Erdschicht eine Lochreihe erreicht, steckt man die Erdbeerpflanzen von außen nach innen – mit den Wurzeln voran – in die Löcher. Gleichzeitig wird die Erde jeweils angefeuchtet. Wenn das Faß voll ist, pflanzt man auch oben noch ein paar Erdbeeren ein. Nun kann die Röhre herausgezogen werden. Die in der Faßmitte stehende Säule aus Kieselsteinen leitet das Gießwasser zu den Pflanzen.
Bei noch weniger Platz pflanzt man jeweils eine Kletter-Erdbeere in einen größeren Blumentopf und gibt ihr einen Rankstab bei. Sie blüht und trägt den ganzen Sommer über. Bei Erdbeeren ist das richtige Einpflanzen sehr wichtig – sie dürfen weder zu tief, noch zu flach gesetzt werden. Die richtige Pflanztiefe liegt in Höhe des »Kronen«-Ansatzes – einem leicht zu erkennenden Punkt, der die Wurzeln von der »Krone« trennt. Die Erde ist schon etwas vor dem Pflanzen anzufeuchten, denn frisch gepflanzte Erdbeeren soll man nicht gießen. Sobald sie angewachsen sind und zu wachsen beginnen, stärkt man sie mit im Gießwasser gelöstem Dünger. Damit die Pflanzen sich kräftig entwickeln, zwickt man bei den immertragenden Sorten bis zum 1. Juli alle Blüten ab. Etwa einen Monat später kann man dann mit den ersten Früchten rechnen. Die im

Juni tragenden Erdbeeren blühen etwa ab Ende April, doch bringen sie – wie schon gesagt – im Pflanzjahr noch keine Früchte.

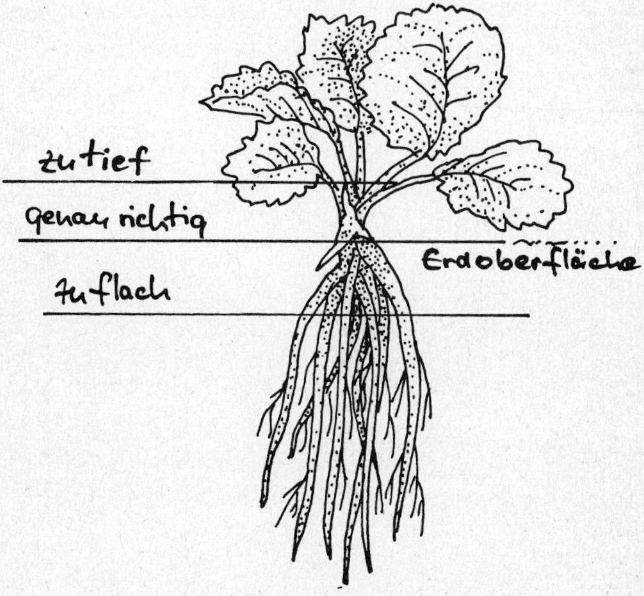

Für den Anbau im Haus sind Erdbeeren ungeeignet, weil sie zuviel Sonne brauchen. Aber die Pflanzen überwintern ohne Schwierigkeiten im Freien. Wenn es kalt wird, beginnt ihre Winterruhe. Sie können zwar kühles Wetter und auch leichten Frost vertragen, sollten aber vor starkem Frost und schlechtem Wetter bewahrt werden. Eine darübergelegte Plane bietet ausreichenden Schutz. Sie wird wieder abgenommen, sobald das Wetter wärmer wird.

Bordurella – Marala – Eine immertragende Erdbeere, die kaum Wurzelsprossen entwickelt. Nach der ersten Ernte im zweiten Jahr auch die Blätter abschneiden zur vollen Entwicklung neuer Früchte.

Rabunda – Immertragende Erdbeere mit orangeroten, großen, kegelförmigen Früchten. Die ersten Blüten im Mai nach der Pflanzung sollten entfernt werden, dann blüht diese Erdbeere bis zum ersten Frost.
Roter Diamant – Eine immertragende Hängeerdbeere, die bereits im Pflanzjahr von Juni bis Oktober eine Fülle Blüten und große, leuchtend rote Edelfrüchte bringt.
Hummi – Eine unermüdlich blühende und tragende Klettererdbeere mit vielen Ranken und Rosetten.

Spargel

Obwohl der Anbau von Spargel in Töpfen eigentlich mehr Spaß als Nutzen bringt, kann der Versuch eigentlich nur empfohlen werden. Spargel ist nicht nur eine interessante, sondern auch eine sehr dekorative Pflanze, die sich ganz ausgezeichnet in Töpfen heranziehen läßt. Schon ein paar Spargelwurzeln machen es möglich, die Ernten mit einer speziellen »Spargelparty« zu feiern, und das ist wirklich einmal etwas Besonderes.

Gewöhnlich werden Spargelpflanzen nur in Packungen mit 25 Stück angeboten. Da jede einen extra Topf braucht, sind dies meistens zu viele für eine Familie, so daß sich mehrere Interessenten eine Packung teilen können.

Die Spargelwurzeln sind außergewöhnlich. Dicke weiße Ausläufer breiten sich vom Mittelpunkt her aus. Beim Pflanzen müssen diese Wurzeln unbedingt ausgebreitet in der Erde liegen, es sind also große Töpfe nötig. ein Gefäß mit 33 cm Durchmesser am oberen Rand und 27,5 cm tief reicht gerade für eine Pflanze (Plastikeimer sind billig und gut geeignet). Spargel braucht viele Nährstoffe, deshalb mischt man in jedem

Gefäß unter die gewöhnliche Blumenerde ein paar Eßlöffel 5-10-5 Dünger und etwas Stallmist. (Abgepackten, getrockneten Stallmist gibt es in Gartenfachgeschäften und im Versandhandel. In Wasser gelöst, wird er zu einer in Gärtnerkreisen als »Düngetee« bekannten Brühe, bei deren Anwendung man sich nach den Anweisungen auf der Packung richtet.) Zusätzlich wurden die Pflanzen etwa jede zweite Woche mit dem üblichen Pflanzendünger gedüngt.

Im ersten Frühjahr nach dem Pflanzen wachsen nur ein bis zwei Spargelstengel heran. Diese dürfen nicht abgeschnitten werden. Die Triebe werden 120 bis 180 cm hoch und entwickeln sich zu dekorativ gefiederten Farnen. Im Spätsommer sieht die Pflanze mit ihren Beeren und der leuchtend-orangeroten Farbe besonders schön aus.

Zu Beginn des Winters stirbt die Pflanze ab. Dann bekommt sie noch einmal eine kräftige Gabe »Düngetee«, ehe das Gießen ganz eingestellt wird. Spargel benötigt eine Ruhezeit, deshalb gedeiht er auch in südlichen Ländern mit warmen und feuchten Wintern nicht.

In strengen Wintern schützt man die Wurzeln vor Frost, indem man den Topf an einen geschützten Platz stellt oder das Gefäß mit Zeitungspapier umwickelt und mit einer Plastikfolie umhüllt. Spargel ist eine widerstandsfähige Pflanze, die mit diesem einfachen Schutz gut über den Winter kommt.

Im zweiten und in allen folgenden Jahren düngt man im Frühjahr mit 5-10-5 Dünger und Düngetee und erntet die Stengel, wie sie erscheinen, und zwar, wenn sie etwa 20 cm lang sind. Von einer einzigen Spargelpflanze gibt es natürlich immer nur ein paar Spargel als Beilage, außer man blanchiert sie drei bis fünf Minuten und friert sie ein, bis man genug für eine Mahlzeit zusammen hat. Bei mehreren Pflanzen reicht eine Ernte durchaus für eine besondere Spargelparty. Zwanzig Jahre und noch länger bringt der gleiche Wurzelstock Spargel hervor. Wer also einmal sein Glück mit Spargel versucht hat, kann mit einer langen und innigen Freundschaft rechnen.

Bleichspargel – Es gibt verschiedene Sorten, die aber Anerkennungsbestimmungen entsprechen müssen, da sie bisher eigentlich nur an den Erwerbsgärtner geliefert wurden. Verkauft werden einjährige, meistens im Tauchvefahren gebeizte Wurzelstöcke.

Grünspargel – Eine verhältnismäßig neue Spargelvariation, bei der die Spargel über der Erde geerntet werden, also nicht durch Anhäufeln gebleicht sind. Daher ihre grüne Farbe. Im Geschmack sind sie ausgezeichnet und dazu sehr robust.

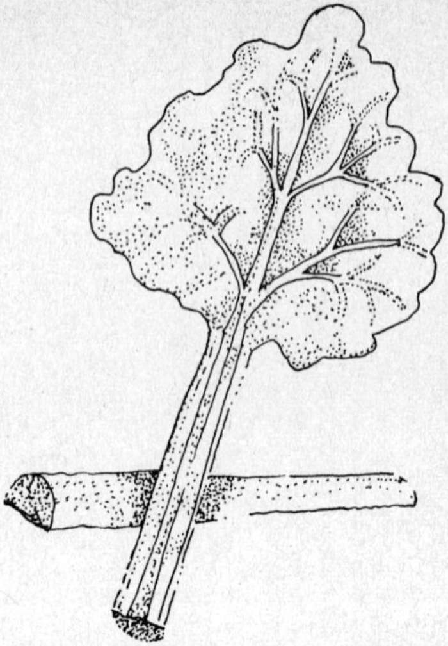

Rhabarber

Rhabarber wirkt als Topf- oder Kübelpflanze wunderschön. Der Anbau ist ähnlich wie beim Spargel, nur wird die Wurzel etwas tiefer eingepflanzt, ca. 7,5 bis 10 cm unter die Oberfläche der Erde. Die Pflanze braucht ein paar Jahre Zeit zur Entwicklung, bevor man zum ersten Mal ernten kann. Dabei werden die kräftigsten Stengel abgelöst, während die schwachen an der Pflanze verbleiben. Bei im Topf gezogenem Rhabarber werden die Stengel etwa 2,5 cm dick. Im Garten, im vollen Sonnenlicht, würden sie an der selben Pflanze 5 cm stark. Aber schon ein oder zwei Rhabarerstengel, zusammen mit frischen Erdbeeren, beweisen, daß der Anbau sich lohnt. Und außerdem ist Rhabarber eine große, dekorative Pflanze. Die riesigen grünen Blätter und die roten Stengel machen sie zu einem echten Blickfang. Im Herbst stirbt die Pflanze ab und legt eine Winterruhepause ein. Dann schützt man die Wurzeln genau wie beim Spargel.

Kohl

Kohl ist ein ungewohntes und deshalb ein ausgesprochen lustiges Gemüse im Blumentopf. In einem Topf mit 20 bis 25 cm Durchmesser kann aus einem winzigen Pflänzchen ein großer Kohlkopf werden. Wie wäre es mit einem ganzen Ring kleinerer Kohlsorten in einem großen Weidenkorb, in dessen Mitte dann noch Möhren wachsen?
Kohlsamen werden etwa sechs Wochen vor dem letzten Frost eingesät, wobei immer mehrere Samen in einen Topf oder an eine Stelle gelegt werden. Die Setzlinge werden dann bei einer Größe von 2,5 cm vereinzelt und nur die kräftigsten stehengelassen. Gewöhnlich kauft man aber Setzlinge, die in der Gärtnerei nur einige Pfennige kosten.
Wie alle Blattgemüse – Spinat und Salat – verträgt auch Kohl keine Hitze. Für sonnige Lagen wählt man deshalb am besten frühe Sorten, die schon voll ausgewachsen sind, ehe der Hochsommer beginnt. Diese frühen Sorten brauchen auch weniger Platz. Kohl braucht eine besonders gute Drainage, viel Wasser und gute Düngung.

Bei der Ernte wird der Kopf so abgeschnitten, daß ein paar Zentimeter des Stengels stehen bleiben. Daraus wachsen mit größter Wahrscheinlichkeit ein bis zwei kleine, lockere Köpfe hervor, die eine willkommene Abwechslung im Salat oder auf einem Sandwich sind.

Langendijker früher, Baldura – Ein vollkommen platzfreier Frühweißkohl mit kleinem Umblatt und schönen, runden, festen Köpfen.

Nostra – Die Sorte bringt feste Köpfe in mittlerer Größe. Bei Vorkultur und Pflanzung Mitte bis Ende März ist dieser Weißkohl schon Ende Juni bis Juli erntereif.

Sperling's Sparko – Brokkoli – Ein blumenkohlähnliches Gemüse, bei dem nicht nur der Kopf, sondern auch die später folgenden Seitensprossen geerntet werden, so daß er von Mitte Juli bis zum Herbst ein Dauerversorger ist.

Allrot, F_1-Hybride – Ein Rotkohl für den Früh- und Spätanbau. Die mittelgroßen, runden, sehr festen, feingerippten und gut durchgefärbten Köpfe sind platzfest und haben einen kurzen Innenstrunk.

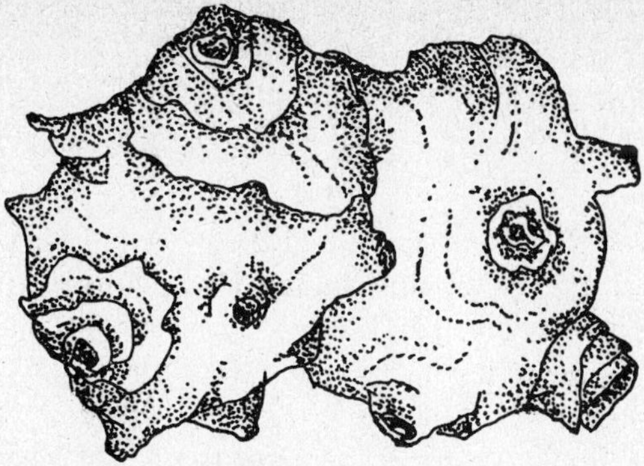

Topinambur (Jerusalem-Artischocke)

Fast keiner denkt bei Topinambur an eine Topfpflanze, und doch ist der Ertrag pro Topf (oder besser Kübel) so groß wie bei jedem anderen Gemüse, ausgenommen vielleicht Tomaten. Der Anbau ist denkbar einfach, und jede Pflanze produziert eine Anzahl kartoffelähnlicher Knollen, die man backen, kochen, einmachen, mit Rahm oder roh essen kann.
Topinambur ist mit der Sonnenblume verwandt, wird etwa 180 cm hoch und hat im Spätsommer leuchtend gelbe, 5 bis 7,5 cm große Blüten. Im Herbst stirbt die Pflanze ab, und dann kann man die Knollen ausgraben. Mindestens eine läßt man im Topf, legt über Winter eine Mulchdecke darauf und wartet im Frühjahr auf die neue Pflanze.
Die Knollen sehen zwar Kartoffeln recht ähnlich, haben aber einen nußähnlichen Geschmack und können bei chinesischen Gerichten als Ersatz für Eßkastanien dienen. Gedämpft und mit Rahm serviert haben sie ein delikates Aroma, das an Blumenkohl erinnert. Sie sind nicht lagerfähig wie Kartoffeln und schrumpeln an der Luft ein. Aber in der Erde vertragen sie den strengsten Frost, und sie sollten immer erst kurz vor der Mahlzeit ausgegraben werden.

Anbautabelle

Pflanze	*Pflanzgefäße*	*Wachstumszeit*
Rote Bete	alle mit 25 – 30 cm Tiefe	kühles Wetter, Frühling/Herbst
Buschbohnen	alle mit 20 – 25 cm Tiefe	warmes Wetter
Kohl	ø 20 – 25 cm Tiefe 15 cm	kühles Wetter, Frühlingsanfang
Mohrrüben	Tiefe = Länge der Sorte + 5 cm (20–25 cm im allgemeinen ausreichend)	kühles Wetter, Frühling/Herbst
Gurken	4-l-Gefäß pro Pflanze/ 20-l-Gefäß für 3 oder 4 Pflanzen, Ampel geeignet für Einzelpflanze	warmes Wetter
Auberginen	nicht unter 12 l Töpfe 30 – 35 cm ø pro Pflanze	warmes Wetter
Paprika	pro Pflanze mindestens 4-l-Gefäß	warmes Wetter
Salat	alle Größen, je nach Anzahl der Pflanzen	kühles Wetter, verträgt leichten Frost
Zwiebeln	alle mindestens 15 cm tiefen Gefäße	kühles Wetter, verträgt leichten Frost
Radieschen	alle mindestens 15 cm tiefen Gefäße	kühles Wetter, verträgt leichten Frost

Ort der Anzucht	*Zeitpunkt der Saat, bzw. Pflanzung*	*Tage von Saat bis Ernte*	*Ca.-Größe der ausgewachsenen Pflanzen*
direkt im Pflanzgefäß	2–4 Wochen vor letztem Frost	50–70	25–30 cm hoch
direkt im Gefäß	Frühjahrsanfang	60–70	30–60 cm hoch
für Frühkultur in Torftöpfen	6 Wochen vor letztem Frost	50–70	Zwergformen 10–45 cm
direkt im Gefäß	2–4 Wochen vor letztem Frost	65–75	25–30 cm hoch
in Tontöpfen	3–4 Wochen vor letztem Frost	55–70	Ranken können durch Kürzen geformt werden
in Torftöpfen	8–9 Wochen vor dem Umtopfen	120–140	60–90 cm hoch
in Torftöpfen	7–8 Wochen vor letztem Frost	110–120	60–90 cm hoch
direkt im Gefäß	4–6 Wochen vor letztem Frost	40–50	15–25 cm hoch
direkt im Gefäß	4–6 Wochen vor letztem Frost	35–45 von Steckling bis Schalotte	35–30 cm hoch
direkt im Gefäß	2–4 Wochen vor letztem Frost	24–30	15–20 cm hoch

Pflanze	*Pflanzgefäße*	*Wachstumszeit*
Spinat	Topf mit 20 – 25 cm ø pro Pflanze	kühles Wetter, Frühling/Herbst
Zucchini + Markkürbis	für 3 – 4 Pflanzen mindestens 20-l-Gefäß (Weidenkorb, Waschzuber, Mülltonne)	warmes Wetter, reift im Herbst
Tomaten	Zwergformen in 4-l-Gefäß, normale Pflanzen 8 – 12-l-Gefäß. Miniaturformen in Töpfen mit 20 – 25 cm ø	warmes Wetter

Auskunft über Durchschnittswerte der Frostperioden erteilen die Landwirtschaftsämter.

Ort der Anzucht	*Zeitpunkt der Saat, bzw. Pflanzung*	*Tage von Saat bis Ernte*	*Ca.-Größe der ausgewachsenen Pflanzen*
direkt im Gefäß	2–4 Wochen vor letztem Frost	50–70	wird nur wenige cm hoch, breitet sich seitwärts aus
in Torftöpfen	3–4 Wochen vor letztem Frost	50–60 zum Verzehr. 85–110 für Winterlagerung	Busch: 60–90 cm Ranken: Größe wird durch Kürzen der Triebe bestimmt
in Torftöpfen	6–8 Wochen vor letztem Frost	50–80, je nach Sorte	Zwergform: 60–80 cm hoch, gewöhnliche Form: 150–180 cm

Ein Ratgeber, der den Hobbygärtner während der ersten wichtigen Wochen des Gartenjahres begleitet und dabei sicher bald unentbehrlich wird:

Jette Blume **So beginnt das Gartenjahr**

Ravensburger Freizeit-Taschenbücher Band 12

100 Tips für Hobbygärtner ○ Bodenvorbereitung ○ Samen und Setzlinge ziehen: im Gewächshaus, im Frühbeet, im Haus ○ In Blumentöpfen, in Margarineschachteln, Milchbehältern etc. ○ Bauanleitungen für Frühbeete ○ Praktische Hilfswerkzeuge: Rillenzieher, Bodensieb etc. ○ Vogelscheuchen ○ Kompost

Wer seinen Garten richtig gestalten will, findet viele Anregungen, leichtverständliche Hinweise und zahlreiche informative Illustrationen in

Janet Browne **Die Blumen im Garten**

Ravensburger Freizeit-Taschenbücher Band 36

Die Entwicklung des Blumengartens ○ Blühende Pflanzen ○ Geräte ○ Wie man einen Garten anlegt ○ Der verwilderte Garten ○ Die Standorte der Blumenarten ○ Pflanzen kaufen ○ Samen und Aussaat ○ Vermehrung ○ Routinearbeiten im Blumengarten ○ Einpflanzen, Umpflanzen und Überwintern ○ Blühende Kübelpflanzen ○ Schädlingsbefall und Krankheiten ○ Gartenblumen von A bis Z ○ Begriffserklärungen

Natur erleben.

Ist das Unkraut eine Blume? Wächst im Juli roter Klee? Hahnenfuß fürs Vieh zum Naschen? Frauenmantel unterm Schnee? Sagen Sie ja nicht, Gewächse seien zum Auswachsen! Auch „Wildblumen in Wald und Wiese“ von Francesca Greenoak beantwortet die natürlichsten Fragen.

® Ravensburger

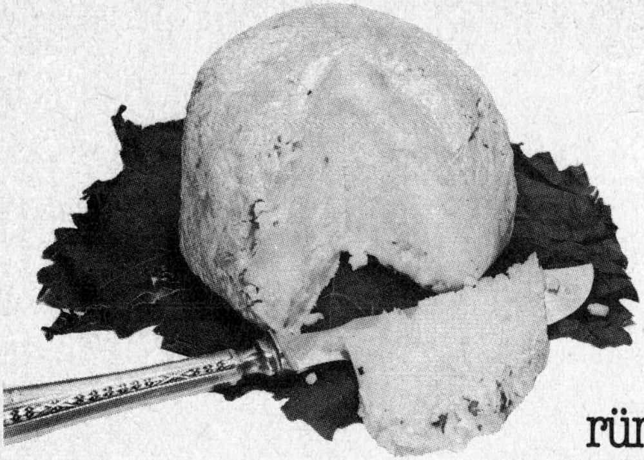

**Selbst-
versorgen.**

Wer die Nase rümpft und „Alles Käse!“ sagt. Obwohl ihm Käse nicht völlig Wurst ist. Der könnte ruhig mal versuchen, in Zukunft seinen Käse selbst zu machen.
Wie? Das steht in „Käse machen“ von Christian Glynn. Bon appétit!

Ravensburger ®

Die beiden Bestseller von John Seymour, „Leben auf dem Lande" und „Selbstversorgung aus dem Garten" sind jetzt im Programm der Ravensburger Freizeit-Taschenbücher erschienen (Band 85 bis 89).